철학, 과학 기술에 말을 걸다

철학,
과학 기술에
말을 걸다
이상현 지음
주니어김영사

기술과 인문학, 별개의 것이 아니다

21세기는 과학 기술의 시대이다. 21세기를 과학 기술의 시대, 더 정확하게 말해 기술의 시대라고 하는 것은 20세기에는 없었던 기술, 이른바 융합 기술이라고도 불리는 신생 기술들이 등장했기 때문이다. 흔히 약자인 NBIC로 통칭되는 나노 기술, 생명 공학 기술, 정보 통신 기술, 인지 신경 과학 등의 신생 기술들은 이전의 기술들과 다른 점이 있다.

근대 과학에서는 자연을 주어진 것으로 이해하고 자연 가운데 사람이 활용할 수 있는 영역을 확대하고 자연으로부터 더 많은 이득을 얻어 내는 것을 과제로 삼았다. 반면에 21세기의 신생 기술은 자연을 변형하고 재구성하고, 심지어는 창조하는 것까지 노리고 있다. 더욱이 신생 기술은 인간의 몸과 마음도 기술을 통해 변형, 재설계, 창조할 수 있는 것으로 생각한다. 근대 과학의 성과 가운데 하나가 자연적으로 주어진 종의 분류, 경계의 설정이었다. 반면에 신생 기술은 인간과 자연, 인간과 동물, 동물과 식물, 또한 인간과 기계 사이의 경계를 허물고 융합을 시도한다. 신생 기술은 기술들 사이도 융합시켜 통해 더 위력적인 기술을 만들고, 그 위력을 토대로 새로운 연구 영역을 개척해 간다.

이러한 신생 기술은 전례 없는 방식으로 우리 인류에게 편리함과 이익을 가져다 주고 있다. 그 상세한 내용은 이 책의 본문에 소개되어 있다. 또한 그와 동시에 신생 기술은 그 막대한 위력으로 전례 없는 방식으로 우리를 혼란에 빠뜨리고, 우리에게 위기를 불러올지도 모른다. 이것이 저자와 같은 철학자가 기술에게 말을 걸려고 하는 이유이다.

《철학, 과학 기술에 말을 걸다》는 기본적으로 신생 기술을 소개하고 있다.

또한 기술이 홀로 존재할 수 없다는 생각에서 기술에 대해 인문학적, 철학적 반성을 시도한다. 기술은 그 자체로 의미 있지 않다. 기술은 우리의 삶과 연관될 때 비로소 어떤 의미를 지니게 된다. 그런 맥락에서 기술은 기술로서, 즉 기술 영역 안의 논리로만 논의될 것이 아니라, 우리 삶의 한 국면으로서 논의될 필요가 있다. 책을 읽는 독자는 부분적이기는 하지만 신생 기술에 대해 알아 가고 신생 기술이 열어 갈 미래의 모습도 상상해 볼 수 있을 것이다. 독자들이 이 책을 읽고 나서 기술이 우리 삶과 분리해서 생각할 수 없다는 점, 기술과 인문학이 별개의 것이 아니라는 점을 인정해 준다면 저자의 의도는 대부분 성취되었다고 할 수 있다.

《철학, 과학 기술에 말을 걸다》가 과학 기술에 관심이 있는 청소년들의 인문학적 사고와 창의성을 키우는 데 기여할 수 있기를 바란다. 인문학적 상상력을 동원하여 과학 기술을 바라보고 그 의미를 검토하는 일은 유기적 사고, 융합적 사고, 창의적 사고를 수반하는 일이므로 이 책이 창의성 교육의 중요한 수단이 될 수 있으리라 믿는다. 이 책을 읽은 독자들이 과학 기술자가 인문학에 대해 관심을 가져야 하며, 인문학자 역시 과학 기술에 관심을 갖는 것이 중요하다는 믿음을 공유할 수 있기를 기대한다.

이 책이 만들어지기까지 많은 분들의 도움이 있었다. 책의 기획부터 발간에 이르기까지 필요한 지도와 조언을 아끼지 않으신 지식융합연구소 이인식 소장님께 마음 깊이 감사드린다. 책의 출간을 허락해 준 김영사 박은주 사장님과 책을 맡아 진행해 준 편집부 김효성 님께도 감사의 말씀을 드리고 싶다. 초고를 읽고 자신의 생각을 얘기해 준 딸 주홍이에게도 고마운 마음을 전한다.

2014년 1월 이상헌

| 차례 |

1 로봇 공학

로봇이 친구를 대신할 수 있을까?

공상 과학 소설(SF)의 대부 아이작 아시모프의 단편 모음집 가운데 1950년에 출간된 《나, 로봇(I, Robot)》이라는 작품이 있다. 아시모프의 책을 직접 읽어 보지 않은 사람에게도 이 제목은 어딘지 모르게 익숙할 것이다. 이 책과 같은 제목의 영화가 2004년에 할리우드에서 만들어졌고, 우리나라에서도 개봉되어 꽤 인기를 끌었다. 우리나라에서 개봉될 때 붙여진 제목은 〈아이 로봇〉이었다. 영화 〈아이 로봇〉은 소설 《나, 로봇》 가운데 '사라진 로봇'이라는 에피소드를 바탕으로 만들어진 것이다.

엄마는 왜 로비를 싫어할까?

《나, 로봇》의 첫 번째 에피소드는 소녀와 로봇의 우정에 관한 이야기이다. 여덟 살 글로리아는 로비라는 이름의 로봇을 둘도 없는 친구로 생각하는데, 글로리아의 엄마는 로봇하고만 노는 글로리아를 걱정한다. 그래서 글로리아와 엄마 사이에서 갈등이 일어나고, 급기야 엄마는 로봇을 글로리아 몰래 다른 곳으로 보내 버린다. 로비를 잃은 글로리아는 슬픔에 잠기고, 생활에 의욕을 보이지 않는다. 딸을 걱정하는 엄마와 아빠는 글로리아의 기분 전환을 위해 뉴욕 여행을 추진하지만 글로리아는 그 여행이 로비를 찾으러 가는 여행인 줄로 착각한다. 뉴욕 여행으로도 딸의 마음을 달랠 수 없음을 깨달은 아빠는 극적인 상황을 연출해 로비가 글로리아를 위험에서 구하도록 만들고, 그 일로 인해 엄마도 더 이상 로비를 반대하지 못하게 된다는 것이 대강의 이야기다.

엄마는 왜 딸에게서 로비를 떼어 놓으려고 했을까? 엄마는 무엇을 걱정한 것이었을까? 엄마는 로비로 인해 딸이 위험해질 수도 있다고 생각했다. 로봇은 기계가 아닌가? 그것도 힘이 매우 센. 기계의 고장은 누구나 예상할 수 있는 일이며 그 위험도 누구나 짐작할 수 있는 것이다. 사실, 엄마의 진짜 걱정은 딸의 안전보다는 다른 곳에 있었다. 엄마는 로비가 딸에게 나쁜 영향을 줄 수 있다는 생각을 하고 있었다. 글쎄, 교활함은 어디에서도 찾아볼 수 없고 순박하고 충직한 로비가 어떻게 글로리아에게 나쁜 영향을 줄 수 있을까?

엄마는 딸이 또래 친구들과 어울리기를 바랐지만 글로리아는 로비하고만 어울렸다. 엄마는 딸에게 친구가 없는 것이 걱정스러웠고 영영 친구를 사귀지 못하게 될까 봐 두려웠다. 엄마에게 로비는 딸이 친구와 사귀는 것을 방해하는 장애물로 보였던 것이다. 엄마는 로비가 딸에게 친구나 다름없는 존재라고 전혀 생각하지 않았다. 엄마는 로봇이 친구가 될 수 있다는 생각에 공감하지 못했다. '로봇은 친구일 수 없다' 혹은 '로봇은 친구를 대신할 수 없다'는 엄마의 생각은 옳을까?

결론부터 말하면, 엄마의 생각은 옳다. 로봇은 친구일 수 없다. 하지만 글로리아의 생각이 옳을 수도 있다. 다만 조건이 붙는다. 로봇이 사람과 다름없는 존재라면, 로봇도 사람과 친구가 될 수 있다는 조건이다. 사람과 다름없는 로봇이 존재하는지, 로봇이 사람과 다름없는 존재라는 것이 무슨 뜻인지, 또 친구란 어떤 존재인지에 대해 이제부터 살펴보자.

지금, 로비를 만들 수 있을까?

로비는 개인용 로봇이다. 아이를 돌보는 역할을 한다고 해서 로비와 같은 로봇을 '보모 로봇'이라고 부른다. 더 넓은 범주로 '돌봄 로봇(care-giving robot)'이라고도 한다. 현재 보모 로봇은 나름대로 여러 가지 기능을 가지고 있다. 시장에 나와 있는 보모 로봇으로는 일본의 니혼전기주식회사(NEC)에서 개발한 파페로(PaPeRo)가 가장 유명하고 세가(SEGA)에서 개발한 헬로키티 로봇도 잘 알려져 있다.

일본 아이치현 '로봇 박람회'에서 어린이와 놀고 있는 파페로

파페로는 글로리아의 로비처럼은 아니지만 놀이를 제공하거나 노래를 불러 주며 아이의 놀이 상대가 될 수 있다. 또 아이를 감시해 물리적 위험으로부터 보호할 수도 있다. 파페로의 눈에 달린 카메라가 아이의 일거수일투족을 영상으로 담아 부모나 보호자의 컴퓨터나 휴대 전화로 송신해 줄 수 있기 때문이다.

파페로에 비교하면 헬로키티 로봇은 보모 로봇보다는 애완 로봇이라고 하는 편이 더 나을지 모르겠다. 하지만 부모 대신 아이와 함께 있어줌으로써 부모에게 시간을 벌어 주는 것이 보모의 역할 가운데 하나라는 것을 인정한다면, 헬로키티 로봇도 보모 로봇이라고 할 수 있다.

로비는 아시모프가 소설 속에서 창조한 로봇들 가운데 가장 지능이 낮은 쪽에 해당한다. 《나, 로봇》 속에 등장하는 로봇들 가운데서 상대적으로 낮은 수준의 로봇으로 묘사되고 있다. 하지만 현재의 로봇과 비교한다면 로비는 대단히 높은 지능을 소유하고 있다. 로비 수준으로 사람과 대화를 할 수 있는 보모 로봇이 등장하려면 로봇 공학이 아무리 빨리 발전한다고 해도 10년이나 20년, 혹은 그 이상이 걸릴 수도 있다. 또한 로비와 같은 수준의 보행 능력과 동작 능력을 갖춘 로봇이 등장하는 데도 그 정도의 시간은 필요할 듯하다. 현재 최고의 보행 능력을 갖춘 인간형 로봇은 일본의 혼다(HONDA)에서 개발한 아시모(ASIMO)이다. 아시모는 계단을 오르고 달리기를 할 수 있을 정도의 보행 능력을 갖추고 있지만, 아시모가 언제나 계단을 오르는 일에 성공하는 것은 아니다.

그럼에도 불구하고 보모 로봇에 대한 사람들의 관심과 기대가 높다. 그 이유는 사회의 변동 때문이다. 산업화와 도시화로 대가족이 부서져 핵가족이 된 것은 이미 알려진 사실이다. 3대 이상이 한 집에 함께 사는 전통적인 가족 형태가 사라지고 부모와 부양이 필요한 자녀, 이렇게 2대만 함께 사는 가구를 중심으로 가족 구조가 바뀌었다. 거기에 경쟁 사회의 환경은 엄마가 가정을 지키고만 있게 놔두지 않는다.

2008년 보건복지부 자료에 따르면, 우리나라에서는 약 100만 명 이상의 아이들이 방과 후에 집에 홀로 남겨진다고 한다. 2011년 여성가족부가 전국 16개 시군구의 초등학생 2만여 명과 학부모, 교사 등을 대상으로 설문조사한 결과에서는 방과 후 하루 1시간 이상 보호자가 돌보지 않는 상태에서 혼자 지내야 하는 아이들이 29.6퍼센트에 달했다. 특히 그 가운데 하루 3시간에서 5시간 동안 혼자 남겨지는 아이들이 24.2퍼센트, 5시간 이상 방치되는 아이들이 23.5퍼센트였다. 미국에서 실시한 한 조사에서는 5살에서 14살 사이의 아동 가운데 약 10퍼센트가 2시간에서 9시간 동안 돌보는 사람 없이 집에 홀로 남겨진다고 한다.

1990년대에 할리우드에서 만든 영화 가운데 〈나 홀로 집에〉라는 코미디 영화가 있다. 말썽을 피워 다락방에 갇히는 벌을 받아 집에 홀로 남게 된 천재 소년 케빈이 집 안에 침입한 악당들을 갖가지 아이디어와 수단으로 물리치는 이야기이다. 이 영화는 흥행에 성공해 5편까지 만들어졌다. 하지만 현실 속에서 집에 홀로 남겨진 아이들의 상황은 영화에서처럼 유쾌하지 않을 것이다. 케빈 역시 홀로 남겨졌을 때 두려움과 외로움을 느낀 것은 여느 아이들과 마찬가지였다.

보모 로봇에 대한 기대와 우려

누구의 보살핌도 받지 못하고 혼자 지내는 아이들의 경우에 여러 가지 개인적, 사회적 문제를 야기할 가능성이 크다. 오랫동안 계속해서 혼자 지내는 아이들은 우울증 등의 증상이 나타날 가능성이 높고 보통 아이들에 비해 자존감도 낮다는 연구 결과가 있다. 아주 어린 아이들의 경우에는 사고의 위험이 높고, 조금 나이 든 아이들은 일탈 행동을 할 개연성이 높아진다. 부모의 관심과 보살핌으로부터 멀어져 있기 때문에 학습 장애아나 학습 부진아가 될 확률도 높다고 한다.

그런데 이런 아이들을 보모 로봇이 돌보아 줄 수 있다면 문제를 완화시킬 수 있지 않을까? 보모 로봇은 아이와 놀이를 함께 함으로써 아이의 정서적 안정에 기여하고, 아이가 위험에 빠지지 않게 감시하기도 하며, 아이가 해야 할 일을 그때그때 알려 줄 수도 있을 것이다. 때로 공부에 도움을 줄 수도 있을 것이다. 교육용 프로그램을 내장한 보모 로봇도 얼마든지 만들 수 있기 때문이다.

보모 로봇은 이렇게 부모, 친구, 또는 보모를 대신해 아이를 돌보아 주고 아이와 놀아 주는 역할을 담당할 수 있을 것으로 기대를 모으고 있다. 하지만 다른 쪽에서는 보모 로봇을 이용할 때 나타날 문제점들을 걱정하는 목소리도 있다.

먼저, 로봇의 안전성이 신중히 검토되어야 한다. 안전성 문제는 현재의 로봇보다는 훨씬 더 발전된 로봇의 경우에 더 우려되는 사항이다. 발전된 로봇일수록 성능이나 기능이 뛰어날 것이며, 그만큼 문제가 생겼을 때 더 위험할 것이기 때문이다. 둘째, 프라이버시 문제가 있다. 파페로는 영상 녹화 등으로 아이의 사적 정보를 수집하고 기록하고 전송할 수 있다. 하지만 아이의 사적 정보가 보호자 이외에 다른 사람의 손에 들어갔을 때 악용될 소지가 있기 때문에 사적 정보의 보호 문제도 중요하다.

좀 더 중대한 문제는, 심리학자들이 종종 언급하는 것으로 엄마의 보살핌을 제대로 받지 못한 아이들에게서 나타나는 문제이다. 물론 엄마가 없는 경우에 엄마를 대신할 사람이 있으면 문제가 없지만, 엄마의 보살핌 없이 생명이 없는 물체가 엄마의 자리를 대신할 경우에 그런 상황이 아이의 성장에 미치는 부정적 영향은 주목할 필요가 있다.

글로리아의 엄마가 가장 걱정했던 것은 바로 이것과 관련이 있다. 로봇하고만 노는 딸이 보통 아이들이 갖는 정서를 지니지 못하고 타인과의 사회적 관계에 대한 태도와 올바른 가치관을 형성하는 데 문제가 생길지 모른다고 걱정한 것이었다.

친구란 어떤 존재인가?

로봇은 정말 친구일 수 없을까? 글로리아의 생각과는 달리, 로비는 정말 글로리아의 친구라고 할 수 없는 것일까? 이 물음들에 답하기 위해서는 친구가 어떤 존재인지, 우정이 무엇인지에 대해 먼저 생각해 보아야 할 것이다. 찬찬히 따져 보면 이 물음에 대강의 답을 하는 것은 그리 어렵지 않다.

우리는 모두 친구가 있기 때문이다.

내 친구가 나에게 어떤 존재인지, 친구와 나는 어떤 관계인지 생각해 보자. 좀 더 구체적으로, 친구는 나에게, 또 나는 친구에게 어떻게 행동하는지 생각해 보자. 나는 친구와 많은 시간을 함께 보낸다. 함께 놀고 함께 공부한다. 친구와 같이 있으면 즐겁다. 놀이도 즐겁고 공부도 즐겁다. 고대 그리스의 철학자 아리스토텔레스는 우정 관계가 즐거움과 관련이 있다고 말했다. 서로에게서 즐거움을 느끼거나 똑같은 것에서 즐거움을 느낄 때 친구라고 할 수 있다는 것이다.

중국의 고전 가운데 《열자》에는 '백아절현(伯牙絕絃)'이라는 고사성어의 유래가 된 이야기가 나온다. 거문고의 달인 백아와 그의 절친한 친구 종자기의 이야기이다. 백아는 종자기가 세상을 떠난 이후 자기 몸처럼 아끼던 거문고의 줄을 끊고 다시는 거문고를 켜지 않았다고 한다. 자신을 알아주고

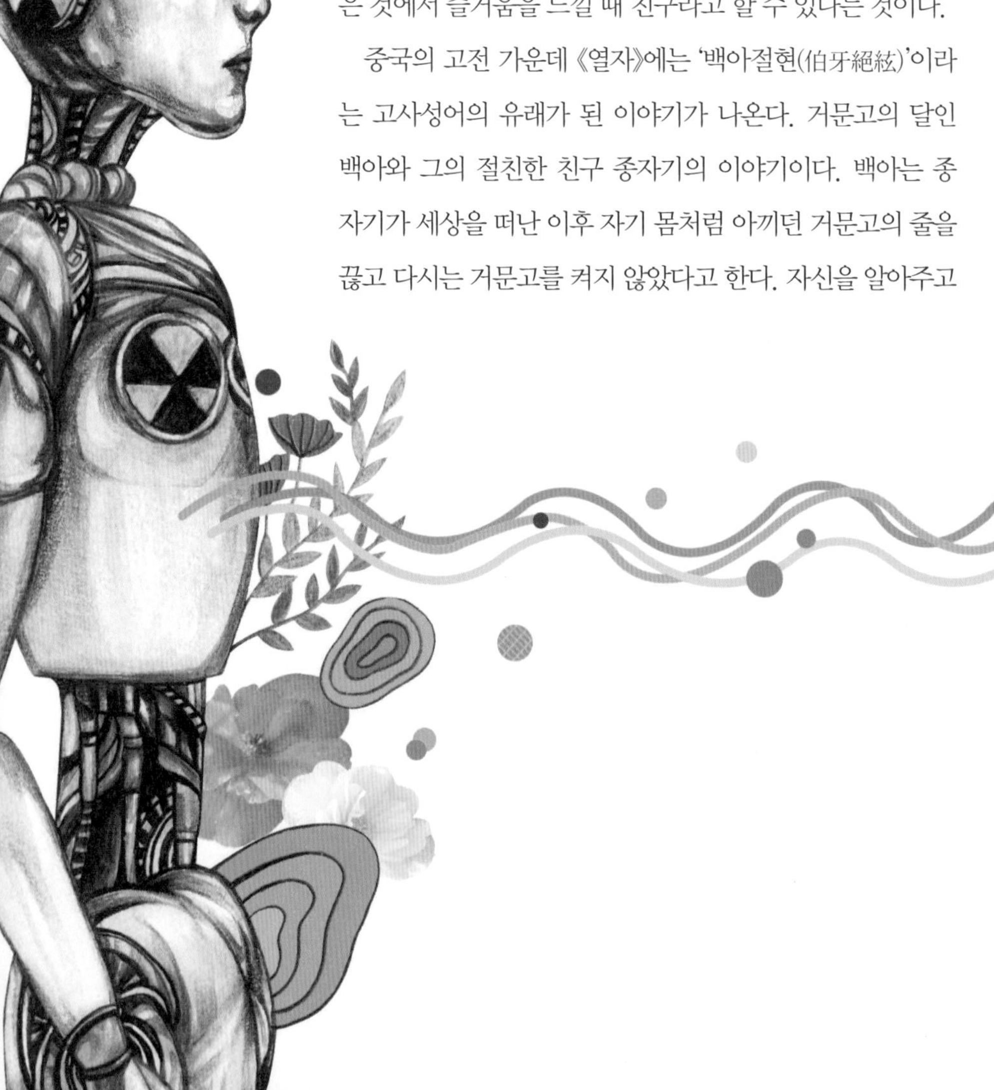

함께 음악을 즐기며 최고의 즐거움을 느낄 수 있게 해 준 종자기가 더 이상 없기 때문이다.

친구는 서로를 아끼고 사랑한다. 친구는 서로를 인정해 주고 믿어 준다. 친구에 대한 믿음은 때로 자기희생을 수반하기도 한다. 고대 그리스의 다몬(Damon)과 핀티아스(Phintias)처럼 말이다. 다몬은 친구인 핀티아스에 대한 굳은 믿음으로 자신의 목숨까지 내놓았으며 그 결과 친구와 자신의 목숨을 모두 건질 수 있었다.

글로리아와 로비는 함께 있으면 즐거웠다. 로비가 정말 즐거움을 느낄 수 있었는지는 의문이지만 말이다. 로비와 글로리아는 서로에게 무언가를 해 줄 수 있었다. 서로의 부탁을 들어주고, 책을 읽어 줄 수 있었다. 로비를 잃은 글로리아는 슬픔에 잠겼다. 글로리아를 떠난 로비도 슬퍼했을지는 의문이다. 글로리아는 로비가 자신을 배반하지 않을 것이라고 믿

고 있었다. 그런데 로비도 글로리아를 믿고 있었을까? 소설 속에 나오는 로봇의 행동들이 정말 실현 가능한 것인지에 대해 의문이 있기는 하지만, 어쨌든 이 정도까지는 글로리아와 로비 사이에도 성립할 수 있는 관계라고 말해 두자. 그런데 글로리아와 로비 사이에서 정말 불가능한 것이 있다.

로봇은 친구일 수 없다. 로봇이 친구이려면……

나는 가끔 친구를 의심한다. 그리고 의심을 거두고 다시 믿는다. 친구는 나와 생각이 다르고, 좋아하는 것도 다르다. 친구라고 해서 나와 모든 생각이 같고 좋아하는 것이 모두 같을 수는 없다. 그래서 가끔 싸운다. 친구는 내가 가지고 있지 않은 것을 가지고 있다. 그래서 부럽기도 하다. 하지만 그런 면 때문에 친구가 의지가 된다. 나는 친구가 잘되기를 바란다. 하지만 내가 더 잘 되고 싶기도 하다. 그래서 친구를 도와줄 수 있기를 더 바란다.

이렇듯 친구 관계는 평면적이지 않다. 친구 사이는 신뢰와 갈등이라는 양면적 관계 속에서 우정을 키우고 우정 관계를 통해 서로 세상을 배우고, 타인을 이해할 줄 알게 되고, 인간적 가치를 몸으로 체험하는 사이이다. 로봇은 나와 이런 관계를 맺을 수 없다. 또 그런 의미에서 로봇은 진정한 친구일 수 없다.

로봇이 잠정적으로 친구의 대용품일 수 있다는 주장도 있지만, 그것은 친구 관계를 잘못 이해한 것이다. 친구는 나에게 편의를 제공해 주는 존재가 아니라 나와의 교제를 통해 함께 성장하고 발전하는 존재이다. 아리스토텔레스는 무생물에 대한 애호는 우정이 아니라고 했는데, 그 이유는 무생물에 대한 애호 속에는 상대에게 호응하는 사랑이나 상대방이 잘되기를 바라는 마음이 없기 때문이다.

이런 이유 탓에 결론적으로 로봇은 친구일 수 없다. 간단하게 말해, 로봇에게는 마음이 없기 때문이다. 그래서 우리는 로봇과 상호 관계를 맺을 수 없다. 로봇을 향한 우리의 애호도 일방적이며, 믿음도 기대도 감정도 모두 일방적이다. 로봇이 우리의 믿음이나 기대, 감정에 반응하는 것처럼 보이는 것은 그렇게 만들어졌기 때문이다.

혹시 미래에 마음을 가진 로봇, 인간과 다름없는 로봇이 등장한다면 어떨까? 이렇게 믿는 사람들도 있는 듯하다. 만일 로봇이 정말 마음을 가질 수 있다면, 그때는 아마 사람과 로봇이 친구가 될 수 있을 것이다. 그런데 마음을 가진 로봇을 만들 수 있을까?

2 로봇 공학

로봇 병사가 사람을 죽이게 해도 될까?

나관중의 역사 소설 《삼국지연의》를 보면, 제갈공명이 남만을 정복할 때 남만왕 맹획을 일곱 번 잡았다가 일곱 번 놓아 준 이야기가 있다. 제갈공명은 선제인 유비의 유지를 받들어 북벌 계획을 완수하려고 했고, 이를 위해 내란을 다스리고 변방을 정비할 필요가 있었다. 그래서 제갈공명은 당시 촉의 남쪽을 위협하는 남만을 정벌하러 나섰다. 제갈공명은 남만이 단지 무력의 위협으로 인해 겉으로만 복종하는 것이 아니라 마음속에서부터 진심으로 복종하기를 바랐다. 그런 이유로 제갈공명은 남만왕 맹획을 일곱 번 잡았다가 일곱 번 놓아 주기를 주저하지 않았다.

제갈공명의 목우유마

제갈공명은 맹획과의 일곱 번의 전투 가운데 마지막 전투에서 맹수를 부리는 목록대왕에 맞서기 위해 나무로 만든 짐승들을 사용했다. 목록대왕은 맹수들을 전투에 활용하는 자로 맹획을 돕고 있었다. 제갈공명이 만든 나무 짐승들은 요란한 방울 소리를 내며 움직이고 코와 입으로 연기와 불을 뿜었다.

제갈공명이 사용한 목각 짐승들은 자동 기계가 아니라 사람이 타고 움직이는 것이었지만, 오늘날 식으로 말하면 일종의 로봇이었다. 제갈공명은 나무로 만든 짐승 로봇으로, 맹수들을 앞세우며 무섭게 몰려드는 목록대왕의 군대를 압도적으로 제압하고 맹획과의 전투에서 승리를 거두었다.

제갈공명이 만든 로봇은 이것만이 아니었다. 전쟁에서 승리하기 위해서는 강한 군대를 가져야 하지만 아무리 강한 군대라도 군량 등의 보급품이 제대로 지원되지 않으면 제대로 싸울 수 없다. 제갈공명은 위나라와의 전투에서 항상 군량 수송에 어려움을 겪었다. 본거지인 촉의 지세가 워낙 험준하여 보급품이 제때에 전장까지 운송되지 못하는 일이 빈번했다. 그래서 제갈공명은 소와 말을 본떠 만든 운송 기계인 목우와 유마를 개발했다. 목우유마는 일종의 기계였기 때문에 소와 말과 달리 물이나 음식을 먹일 필요가 없었고, 지치지도 않았기 때문에 밤낮을 쉬지 않고 보급품을 운송할 수 있었다고 한다.

우리나라의 《삼국사기》와 《삼국유사》에서도 제갈공명의 나무 짐승 로봇과 유사한 것을 사용한 사례가 나온다. 《삼국사기》 4권을 보면, 지증 마립간 13년에 이사부 이찬이 우산국을 정벌할 때 나무를 깎아 만든 사자 인형으로 우산국 사람들을 두려움에 떨게 하여 굴복시켰다고 쓰여 있다. 이사부 이찬은 우산국 사람들은 우매하고 사나워서 위엄으로 복종하게 하기는 어렵고 계책을 써서 굴복시키는 것이 최선이라고 생각했다. 이찬은 우산국 해안에 배를 대고 나서 우산국 사람들에게 "항복하지 않으면 이 맹수들을 풀어 놓아 모두 죽일 것이다"라고 엄포를 놓아 우산국 사람들이 모두 항복하고 복종하게 만들었다고 한다. 《삼국유사》에서는 내물 이사금 9년에 풀로 군사의 모형 수천 개를 만들어 왜병을 물리쳤다는 내용이 전해진다.

미래의 전쟁은 로봇 손에 달려 있다

제갈공명의 나무 짐승 로봇이나 이사부 이찬의 사자 인형은 전투의 보조 수단이었으며 전투는 어디까지나 사람들끼리 하는 것이었다. 하지만 오늘날 사람들은 로봇을 전쟁의 주역으로 쓸 목적으로 만들고 있다.

군사용 로봇 분야에서 가장 앞선 미국은 2001년 미래 전투 시스템(Future Combat Systems: FCS) 계획을 세우며 전투 로봇 개발을 본격화했다. FCS 계획은 로봇을 전투에 적극적으로 활용함으로써 전투의 개념을 획기적으로 바꿔 놓겠다는 야심찬 계획이다. 만일 FCS 계획이 성공을 거둔다면 미국은 지금보다 더 막강한 군사력을 보유하게 되며 세계 어느 나라와의 전쟁에서도 압도적으로 승리할 수 있을 것이다.

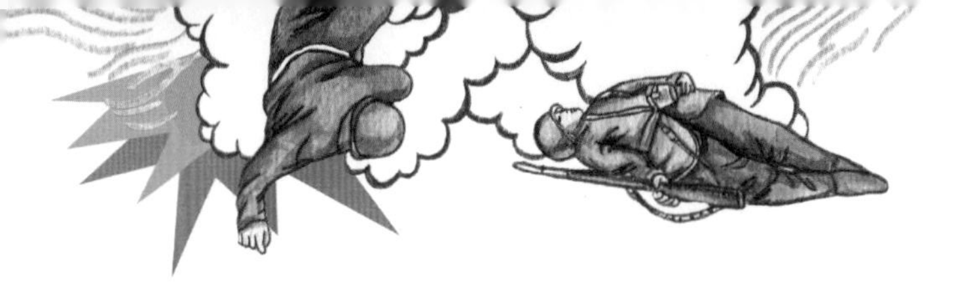

현재 미국은 대략 2만 대에 육박하는 군사용 로봇을 보유하고 있으며, 미국이 보유한 군사용 로봇은 전 세계 미군 주둔 지역에 배치되어 있다. 이 로봇들은 대부분 전투에서 직접 싸우는 로봇이 아니라 장비를 운반하거나 정찰을 하는 전투 보조 로봇이다. 무인 정찰기인 '글로벌호크'와 보병 수색대를 대신해 위험 지역을 정찰하는 '팩봇', 산악 지형에서도 장비를 실어 나를 수 있는 '빅독' 등이 대표적인 전투 보조 로봇이다.

하지만 무인 폭격기나 무인 장갑차 등 전투에 직접 투입되는 로봇도 있다. 현재 미국이 자랑하는 대표적인 전투 로봇은 일명 '드론'으로 불리는 무인 폭격기이다. 2002년에 미군은 예멘에서 알카에다 요원 6명이 탑승한 지프차를 폭격하는 데 성공했다. 지프차를 폭격한 소형 전투기에는 조종사가 없었다. 그것은 원격으로 조종되는 무인 전투기 '프레데터'였다. 프레데터와 '리퍼'는 미국이 자랑하는 원격 조종 무인 전투기이다. 카네기멜론 대학교의 연구진이 군사용 트럭을 개조해 만든 '내브랩' 또한 정찰과 전투 임무를 수행할 수 있는 원격 조종 로봇 자동차이다. 현재 전 세계 여러 나라에서 내브랩보다 성능이 우수한 무인 장갑차를 개발하고 있다.

현재의 전투 로봇은 사람이 원격지에서 조종하는 무인 로봇이지만 앞으로 머지않은 미래에는 사람의 조종 없이 자율적인 판단에 따라 전투를 수행하는 자율형 전투 로봇이 등장할 것이다. 영화 〈스타워즈〉나 〈터미네이터〉에서 보았던, 이른바 로봇 전쟁이 현실화되는 날이 올지 모른다.

사람과 로봇이 전투를 벌이고, 로봇과 로봇이 싸우는 장면을 상상해 보라. 로봇들끼리 싸우는 것은 신기한 눈으로 바라볼 수도 있지만, 로봇과 사

람이 싸운다는 것은 심각한 문제가 아닐까? 로봇에 의해 사람이 죽임을 당하는 장면들을 우리가 인정할 수 있을까? 로봇을 전투에 투입하는 것이 정말 올바른 행위일까? 자율적 결정권을 가진 전투 로봇을 전투에 투입하는 것에 대해 많은 학자들이 걱정하고 있다. 그것은 심각한 문제 상황들을 만들어 내며, 인류에게 재앙을 가져다줄 수도 있다.

전투 로봇에 대한 기대와 우려

군사용으로 사용할 생각으로 로봇을 개발하고 있는 나라는 미국만이 아니다. 프랑스, 이스라엘, 독일 등 여러 나라가 군사용 로봇을 개발하고 있다. 우리나라도 2003년부터 군사용 로봇인 바퀴형 견마 로봇을 개발하고 있다.

원격 조종되는 로봇이든 자율형 로봇이든, 전투에 로봇을 이용하면 많은 이득을 얻을 수 있을 것이다. 먼저, 아군 병사의 희생을 줄일 수 있다. 적진으로 날아간 무인 전투기가 적에게 발각되어 격추된다고 해도 아군의 인명 피해는 없다. 무인 전투기를 조종하는 아군의 조종사는 적의 공격으로부터

우리나라에서 개발한 감시와 정찰 임무를 수행하는 차륜형 견마 로봇

안전한 곳에 있기 때문이다. 로봇은 사람이 할 수 없는 어려운 작전도 척척 수행할 수 있다. 군사 작전을 계획할 때는 아군 병사의 전투 능력을 고려하여 작전을 수립한다. 따라서 아군의 전투 능력으로 수행하는 것이 어렵다고 판단되는 작전은 수립하지 않는다. 하지만 로봇 병사를 전투에 투입할 수 있다면, 포기하는 작전이 없을 것이다.

로봇 병사는 지휘관의 명령에 무조건 복종한다. 밀려드는 적을 보고 두려움에 떨거나 목숨이 아까워 도망치는 일도 없다. 감정적 동요로 인한 망설임이나 우유부단함 때문에 작전을 실패하는 일도 없을 것이다. 사람이 갈 수 없는 곳으로도 로봇 병사는 용감하게 나아갈 것이다. 로봇 병사는 분명히 전투 능력 면에서 사람을 훨씬 능가할 것이다.

하지만 전쟁을 효율성의 측면에서만 바라보는 사람은 분명 전쟁 애호가라고 불릴 만할 것이다. 전쟁은 그 참혹함과 비참함, 전쟁으로 인해 고통 받는 사람들의 아픔과 슬픔, 전쟁에서 자행되는 수많은 비인도적인 행위들, 전쟁에서 얻는 승리의 공허함과 전쟁에서 이득을 얻는 소수의 탐욕 등 부정적인 측면을 통해 바라보아야 한다. 설령 어떤 면에서 불가피한 점이 있는 전쟁이라고 하더라도 전쟁의 부정적인 요소들을 최소화하는 방향으로 전쟁을 바라보아야 한다. 어떤 경우에도 좋은 전쟁이란 없기 때문이다. 이렇게 본다면 전투 로봇은 심각한 문제들을 불러일으킬 가능성이 있다.

먼저, 사람을 살상하는 로봇이라는 발상 자체에 문제가 있을 수 있다. 사람 살상용 전투 로봇이라는 말은 로봇에게 사람을 살상하도록 허락한다는 것이다. 로봇에게 사람을 살상할 권한을 부여하는 것이 과연 올바른 일인지 되물어 볼 필요가 있다. 어떤 사람에게 다른 사람을 죽일 권한을 준다는 생각도 올바르다고 할 수 없는데, 그런 권한을 로봇에게 주는 것을 올바르다고 할 수 있을까?

전쟁이라는 특수한 상황에서 적군을 살상하는 것은 어쩔 수 없는 일이라 하더라도 그것은 방어적인 목적에서 정당화할 수 있는 것이다. 전투 로봇의 뛰어난 전투력과 무자비한 속성을 생각한다면, 사람을 살상하는 로봇은 아무리 전쟁이라는 특수한 상황에서라도 심각한 문제일 수 있다. 사람과 로봇이 전투를 벌이는 장면을 상상해 보라. 그것을 전투라고 부를 수 있을까? 처형 내지는 살육의 한 장면처럼 느껴지지 않을까?

전투 로봇, 특히 자율형 전투 로봇은 과연 사람 병사보다 우수한 작전 수행 능력을 지니고 있을까? 로봇이 주어진 임무를 잘 수행하기 위해서는 작전과 자신의 임무에 대한 정확한 이해가 필요하다. 로봇이 그럴 수 있을지 의문이다. 예컨대, 전투 로봇이 작전 목표였던 특정 거점을 확보하는 데는 성공했지만 그 과정에서 불필요한 민간인 살상을 저질렀다면 그것은 임무를 제대로 완수한 것이 아니다. 전쟁 중이라고 해도 전투는 전투 요원만 해당하는 것이며 민간인은 전투에서 보호되어야 한다. 이것은 현재 국제적으로도 약속된 사항이다. 그런데 로봇이 전투 요원과 민간인을 구분할 수 있을까? 아군과 적군을 구별하는 데도 상당한 어려움이 있지 않을까?

로봇이 군인과 민간인을 구분하지 못하여 임무를 수행하는 과정에서 민간인을 다수 살상하는 잘못을 저질렀다면, 그 책임은 누구에게 물어야 할까? 무고한 희생자가 생긴 것에 대해 누군가는 반드시 책임을 져야 할 것이다. 잘못은 저지른 것은 로봇이니 로봇에게 책임을 물어야 하나?

그런데 로봇에게 책임을 묻는다는 것은 어떻게 한다는 것일까? 법정에 선 로봇을 상상해 보자. 법정에서 로봇을 심문하는 장면을 상상해 보자. 만일 로봇에게 책임이 있다고 판결하고 로봇에게 형을 선고한다면, 어떤 형을 선고할 수 있을까? 징역을 선고하거나 로봇의 해체를 명령할 수 있을 것이다. 또 로봇의 수리를 명령할 수도 있을 것이다. 그런데 로봇을 감옥에 가두는 것이 어떤 실효성이 있을지 모르겠다.

로봇을 해체하거나 수리하는 것으로 책임을 물었다고 할 수 있을까? 로봇에게 책임을 묻는 것이 무의미하다면, 누구에게 책임을 물어야 할까? 로봇에게 임무를 준 지휘관, 로봇을 전투에 참여시키는 작전을 허가한 지휘 본부, 신통치 않은 로봇을 만든 로봇 회사, 아니면 그런 로봇을 개발한 개발자나 프로그래머? 도대체 누구에게 책임을 물어야 할까?

책임의 문제는 매우 중요하다. 사회에서 벌어지는 행위나 사건에 대해 책임을 묻지 않는다면 자동차에 제동 장치가 없을 때와 같은 결과를 불러올 것이다. 다른 사람에게 해가 되는 행위, 공익을 해치는 행위에 대해 책임 소재를 분명히 하지 않고, 책임을 확실하게 묻지 않는 사회에서는 그런 행위를 막을 수 없을 것이다. 이런 사회는 좋은 사회가 아니다. 그래서 호주의 생명윤리 학자인 로버트 스패로우(Robert Sparrow)는 책임의 문제와 관련하여 전투 로봇을 반대한다. 그는 전투 로봇의 행동과 관련하여 책임의 문제에 대해 분명한 답변을 줄 수 없기 때문에 로봇을 전투에 사용하는 것 자체가 비윤리적인 행위라고 주장한다.

전쟁이 정당화될 수 있을까?

전투 로봇이 적극적으로 전쟁에 활용될 미래에는 로봇의 월등한 전투력과 작전 수행 능력 때문에 지금까지와는 다른 방식으로 전쟁이 진행될 것이다. 아마 지루한 공방전은 줄어들 것이다. 확실한 목표에 압도적인 피해를 줌으로써 전쟁이 단기간에 끝날 가능성이 크다. 이렇게 되면 전쟁으로 인한 인명 피해와 재산상의 손실이 줄어들 가능성이 있다. 그래서 어떤 사람들은 전투 로봇을 비롯하여 전쟁 기술의 발전이 오히려 인도적인 목적에 부합한다고 주장할지 모른다.

예컨대, 목표물을 더 정밀하게 타격할수록 부수적인 피해를 최소화할 수 있다. 그리고 현대의 무기는 점점 소형화, 경량화되고 있다. 작고 가볍지만 정확하고 파괴력이 우수한 것이 현대 무기의 특징이다. 과거 3.4미터의 폭탄이 지금은 0.5미터짜리 폭탄으로 대체되었는데, 이것은 전쟁 기술의 발전 덕분이다. 전쟁 기술의 발전과 전투 로봇의 개발을 옹호하는 사람들은 아마 이런 식으로 주장할 것이다.

오늘날 전쟁은 국제법을 통해 규제하고 있는데, 이것은 서양의 '정의로운 전쟁(just war)'의 전통과 관련되어 있다. 서양 중세에서부터 시작된 정의로운 전쟁에 대한 논의는 사람들이 전쟁을 단순히 정치인 것으로만 이해하지 않고 도덕적인 관점으로도 바라보게 했다. 중세 서양인들은 전쟁에서는 상대적으로 올바른 쪽과 그릇된 쪽이 있다고 믿었다. 그러므로 전쟁을 통해 그릇된 쪽을 징벌하고, 올바른 쪽을 지원하는 것을 명예로운 것으로 생각했다.

어떤 전쟁이 정의로운 전쟁이라고 불리기 위해서는 세 가지 요건을 만족시켜야 한다. 첫째, 전쟁이 국가의 법적 권위에 의해 선포되어야 한다. 둘째, 정당한 명분과 좋은 의도를 가지고 수행되어야 한다. 셋째, 올바른 수단을 사용해야 한다. 예컨대, 죄 없는 사람들을 죽이는 것은 전쟁을 수행하는 올바른 길이 아니다. 이 세 가지 요건 가운데 어느 하나라도 충족시키지 못하는 전쟁은 정의롭다고 할 수 없다.

정의로운 전쟁의 관점에서 보면, 불필요하게 심각한 손상을 입히는 행위나 무기, 무차별적인 살상을 초래하는 대량 살상 무기는 전쟁을 수행하는 올바른 수단이 될 수 없다. 재래식 폭탄과 핵무기 등 광범위한 지역에서 무차별적 인명 살상을 초래하는 무기들에 대한 국제적 규제는 이런 전통 속에서 시작된 것이다. 전투 요원과 민간인을 구분해 전쟁 기간 중 민간인을 보호해야 한다는 살상 금지 등의 규정은 이런 전통 속에서 마련된 것이다.

정의로운 전쟁이 있다는 생각은 사람들이 전쟁을 옳고 그름의 도덕적 관점에서 바라볼 수 있게 함으로써 무분별한 전쟁을 막고 전쟁에서 비인도적인 행위를 감소시키는 데 기여했다. 그러나 정의로운 전쟁이 있다는 생각은 간혹 전쟁을 도덕적으로 정당화하는 데 활용되기도 했다.

정의로운 전쟁이 있다는 생각은 전쟁을 사람들 사이에서 벌어지는 심각한 악으로 규정하고 부정하기보다는 오히려 전쟁을 인정하는 측면을 가지고 있다. 전쟁이라는 극단적 상황 안에서 한쪽의 상대적 정의를 주장하기 때문이다. 주전론자들이 자신들의 입장을 옹호하기 위해 '정의로운 전쟁'이라는 개념을 단골 메뉴로 활용하는 데는 그만한 이유가 있다.

참혹하지 않은 전쟁은 없다

전투 로봇과 전쟁 기술의 개발을 옹호하는 사람들의 관점은 결과론적이고 실용적이다. 그들이 말하는 정의로운 전쟁은 전쟁의 불가피성을 바탕에 깔고 있다. 세상에서 정말로 전쟁은 불가피한 것일까? 전쟁 없는 세상을 만드는 것은 불가능한 일일까? 평화주의자들은 이런 질문에 '아니다'라고 답할 것이다. 그래서 평화주의자들은 정의로운 전쟁의 개념을 받아들이지 않는다.

제2차 세계 대전 직후, 영국의 옥스퍼드 대학교에서 일어난 사건은 이 쟁점에 대해 시사하는 바가 있다. 1956년에 옥스퍼드 대학교가 미국의 전직 대통령 해리 트루먼에게 명예박사 학위를 수여하기로 결정하자 20세기 최고의 여성 철학자로 불리는 엘리자베스 앤스콤은 두 명의 다른 교수와 함께 반대 운동에 나섰다. 엘리자베스 앤스콤은 해리 트루먼이 나가사키와 히로시마에 원자 폭탄을 떨어뜨리라고 명령한 살인자라고 설명한 소책자를 제작하기도 했다.

한편 해리 트루먼은 나가사키와 히로시마에 대한 원자 폭탄을 투하한 일이 정당했다고 주장했다. 원자 폭탄으로 인해 좀 더 빨리 전쟁을 끝낼 수 있었고, 결과적으로 더 많은 목숨을 구했기 때문이라는 것이었다. 해리 트루먼과 달리, 엘리자베스 앤스콤은 아무리 좋은 목적을 위해서라고 하더라도 무고한 이들을 죽이는 것은 허용될 수 없으며, 그런 행위는 어떤 경우에도 살인 이외에 다른 이름으로 부를 수 없다고 주장했다.

엘리자베스 앤스콤은 모든 종류의 전쟁에 반대했다. 전쟁으로 인해 무고

한 사람들이 희생될 것이기 때문이다. 엘리자베스 앤스콤은 해리 트루먼의 변명은 '수천 명, 아니 수백만 명을 무시무시한 재앙에 처하게 하지 않게 하기 위해서 한 명의 아기를 끓는 물에 던지는 행위가 바람직하다'고 말하는 것과 같다고 반박했다. 우리는 결과에 대한 지나친 고려나 결과에 현혹되어 절대로 해서는 안 되는 일을 하는 경우가 종종 있다.

개발에 성공한다면 전투 로봇은 우리가 상상한 것 이상으로 막강한 위력을 발휘할 것이다. 혁신적인 전투 로봇은 전투 로봇을 옹호하는 사람들의 말처럼 전투로 인한 부수적인 피해를 감소시킬 것이다. 하지만 전투 로봇은 근본적으로 전쟁을 더욱 참혹하게 만들고, 전쟁 이후에도 많은 사람들을 공포 속에서 살아가게 만들 것이다. 전투 로봇은 전쟁을 효율화한다는 명목으로 사람을 더욱 비참하게 만들 것이다. 전쟁은 사람이 하는 가장 참혹한 행위임에도 불구하고, 전투 로봇은 그런 행위에 대한 사람의 통제권을 약화시키고 상실시킬 것이다.

정밀화와 소형화를 추구하는 이들과는 다른 방향에서 전쟁 무기를 생각하는 이들이 있다. 사실, 무기의 소형화와 정밀화는 무기가 더욱 강력해짐을 의미한다. 전쟁을 통해 인명이 살상되고 재산상의 피해가 생기지만 인명 살상과 재산 피해가 전쟁의 목적은 아니다. 전쟁이 반드시 인명 살상과 파괴로 귀결되어야 하는 것도 아니다. 이렇게 생각하는 사람들이 치명적이지 않은 무기의 개발을 주장하고 있다.

1928년 프랑스의 외무장관 A.브리앙과 미국의 국무장관 F. B. 켈로그는 국제 사회에서 '전쟁 포기에 관한 조약'을 이끌어 냈다. 부전 조약으로도 불리는 이 조약에 당시 세계 63개국이 비준했다. 이들은 전쟁을 국제 관계에 존재할 수 있는 하나의 명예로운 제도가 아니라 불법적인 관행으로 규정하였다.

오늘날 전쟁 기술은 나날이 발전하고 있으며 전쟁 무기는 더욱 위력적으로 변하고 있다. 좋은 의도로 개발되었다고 하더라도 전쟁 무기는 결국 인명을 살상하는 데 사용된다. 독일의 철학자 아도르노가 말한 대로 '인간의 진보라는 환상이 창과 유도탄의 차이에 의해 깨어졌으며 인간은 역사를 통해 지혜로워진 것이 아니라 더 교활해졌다'는 의미를 다시 한 번 되새겨 볼 필요가 있다.

3 인공 지능

로봇이 감정을 가질 수 있을까?

사람이 되고 싶어 한 로봇을 다룬 소설들은 많지만 그 가운데 《바이센테니얼 맨(Bicentennial Man)》은 인간성이 무엇인지 진지하게 고민한 좋은 작품이다. 《바이센테니얼 맨》은 공상 과학 소설의 대부 아이작 아시모프의 1976년 작품이다. 1999년에는 같은 제목의 영화로도 만들어졌다. 《바이센테니얼 맨》은 우리말로 옮기면 '200년을 산 남자' 정도가 될 듯하다. 두 번을 뜻하는 바이(bi-)와 100년을 뜻하는 형용사 센테니얼(centennial)이 합쳐져 200년을 뜻하는 형용사가 만들어진 것이다. 원래는 로봇이었지만 결국에는 사람으로 인정을 받기 때문에 '200년을 산 로봇'이 아니라 '200년을 산 남자'라고 한 듯하다.

앤드류가 정말로 아만다를 사랑했을까?

《바이센테니얼 맨》의 주인공 앤드류는 가사 도우미 로봇이다. 사람과 대화로 소통하고, 요리, 청소, 아이 돌보기 등 집안일을 척척 해내는 로봇이다. 앤드류는 사람의 모습을 닮은 안드로이드이다. 앤드류라는 이름은 언니 그레이스가 '앤드로이드'라고 말한 것을 동생 아만다가 잘못 알아듣고 그렇게 부르기 시작해서 붙여진 이름이다.

앤드류가 집에 처음 왔을 때부터 앤드류에게 적대적이었던 큰딸 그레이스와 달리 막내딸 아만다는 앤드류에게 호기심을 보였고 호의적으로 대해주었다. 앤드류는 실수로 아만다의 장난감을 부수고 그것과 비슷한, 아마 아만다가 더 좋아했던 목각 인형을 만들어 준 사건을 계기로 아만다와 더 가까워진다.

앤드류는 아만다와 같이 지내면서 아만다에게 연모의 정을 키우게 되었다. 그런데 아만다가 성장해 결혼을 하자 상심에 빠졌다. 앤드류는 결국 자신과 같은 처지에 있는 로봇을 찾아 긴 여정을 떠나기로 결심한다. 앤드류와 같은 처지의 로봇이란, 다름 아니라 앤드류처럼 로봇 신경계의 이상으로 창의력, 호기심, 감정 등을 가지게 된 로봇을 말한다.

앤드류를 만든 로봇 회사는 앤드류와 같은 제품을 수도 없이 만들었지만 그 가운데 앤드류와 똑같은 로봇은 단 한 대도 없었다. 모든 로봇 제품은 로봇 공학 3원칙에 따르도록 만들었으며, 프로그램되어 있는 대로 작동했다. 하지만 앤드류는 달랐다. 창의력, 호기심, 예술적 감수성, 자각 능력, 감정을 가지고 있었다. 그렇지 않았다면 앤드류가 아만다를 사랑할 수 없었을 것이다.

앤드류의 고통은 그의 유별난 점에서 시작되었다. 앤드류는 자신이 아만다를 사랑하지만 어찌할 수 없다는 것, 자신이 사람과 같은 감정을 가졌지만 그래도 로봇에 불과한 존재라는 것을 알고 있었다. 그래서 자신처럼 '결함'이 있는 로봇을 찾아 나선 것이다. 물론 앤드류는 자신과 같은 처지의 로봇을 찾지 못하고 다시 원래 자신이 봉사하던 집으로 돌아온다.

사람과 동물의 가장 큰 차이점이 뭘까? 고도의 지능인가? 사람은 언어를 사용하고 문명을 구축하고 자연을 변화시킬 지식을 축적시키고 발전시킬 수 있는 고도의 지능을 가지고 있다. 지구 상의 어떤 동물도 사람과 같은 수준의 지능을 지니고 있지 않다. 그래서 우리가 지구의 주인 행세를 할 수 있는 것 아닌가.

그러면 사람의 창조물인 로봇이 사람과 다른 점은 무엇일까? 로봇이 사람을 따라올 수 없는 점은 무엇일까? 고도의 지능인가? 1997년, 사람이 하는 가장 지적인 놀이들 가운데 하나인 체스 게임에서 컴퓨터가 사람을 이기는 사건이 발생했다. 당시 10년 이상 세계 체스 챔피언 자리를 지켜온 게리 카스파로프는 컴퓨터 전문 회사 IBM이 제작한 컴퓨터인 딥 블루(Deep Blue)와의 첫 대결에서 패하고 말았다. 이 사건으로 인공 지능이 어떤 면에서는 이미 인간의 능력을 넘어섰다는 사실은 더 이상 의심할 여지가 없게 되었다.

그러면 사람과 로봇 혹은 인공 지능 사이의 차이점은 무엇일까? 바로 감정이다. 로봇에게는 감정이 없다. 딥 블루와의 경기가 끝난 뒤에 카스파로프가 고백한 바에 따르면, 컴퓨터와의 체스 대결에서 가장 힘들었던 것은 딥 블루가 아무런 감정적 반응을 보이지 않은 것이었다고 했다. 사람을 능가하는 계산 능력을 지닌 인공 지능은 만들 수 있었지만 감정까지 인공적으로 창조할 수는 없었던 것이다.

앤드류처럼 감정을 지닌 로봇을 정말로 만들 수 있을까? 지능과 달리 감정은 정확하게 정의하기 어렵다. 하지만 사람들 사이의 관계와 소통이 감정을 바탕으로 하고 있다는 것은 분명하다. 내가 친구의 생일에 주는 선물과 인사말에는 나의 마음, 즉 감정이 담겨 있다. 나의 선물을 받은 친구에게서 내가 기대하는 것은 친구의 기뻐하는 모습일 것이다. 친구의 반응이 신통치 않을 때 나는 마음이 상한다. 다시 말해 내 감정이, 기분이 별로 좋지 않다.

로봇도 우리처럼 자신의 감정을 갖고, 그것을 표현하고, 타인의 감정을 알아차릴 수 있을까? 로봇인 앤드류가 사람인 아만다를 사랑하는 일이 정말로 가능할까? 혹시 미래에라도 말이다. 그런데 로봇이 감정을 갖는 것이 좋은 것일까?

지금, 감정이 있는 로봇을 만들 수 있을까?

로봇이나 컴퓨팅 장치가 감정을 느낄 수 있다면 여러 가지 장점이 있을 것이다. 현재 개인용 컴퓨터는 물론이고 스마트폰, 디지털 텔레비전, 청소 로봇 등 다양한 컴퓨팅 장치들이 우리의 삶 속에 들어와 있다. 그리고 사람은 끊임없이 감정을 발산하고 타인의 감정에 반응한다. 사람들 사이의 관계와 의사소통은 거의 감정을 바탕으로 한다. 하지만 사람과 도구의 관계만은 그렇지 않다. 사람은 때로 도구를 사용할 때도 감정적이지만 도구는 언제나 무감정이다. 지능이 있다는 컴퓨팅 장치들도 마찬가지이다. 그래서 사람과 지능을 가진 도구, 사람과 컴퓨팅 장치와의 관계는 사람들 사이의 관계에 비해 매우 제한적이다.

만약 컴퓨터가 사람의 감정에 반응할 수 있다면, 컴퓨터를 이용한 작업의 효율이 높아지고, 일상생활에서 느끼는 부정적 감정이 줄어들고, 사회생활의 활력이 증진될 수 있을지 모른다. 이런 이유에서 미국의 메사추세츠 공과대학교(MIT)의 로잘린드 피카드(Rosalind W. Picard), 신시아 브리질(Cynthia Breazeal) 등의 연구자들은 인간의 감정을 이해하는 컴퓨터를 연구하고 있다. 사람의 감정을 이해하고 사람처럼 감정을 표현하며, 심지어 감정을 가지기까지 하는 컴퓨팅 시스템을 연구하고 개발하는 분야를 정서 컴퓨팅(affective computing)이라고 한다. 피카드 교수는 사람들 사이에서 감정이 소통되듯이 사람과 컴퓨터 사이에서도 감정 인식을 통한 의사소통이 가능할 것으로 가정하고 있다.

정서 컴퓨팅을 구현하기 위해 가장 중요한 것은 감정을 표현하는 신호를 읽어 내는 방법이다. 사람의 감정이 나타나는 첫 번째 장소는 얼굴이다. 우리는 얼굴 표정이나 눈빛을 통해 다른 사람의 감정을 알아차린다. 얼굴 표정을 인식하는 방법 가운데 하나는 얼굴의 움직임을 기록하여 디지털 신호로 바꾼 다음에 패턴 인식 도구를 이용하여 해석하는 것이다. 이때 일정 시간 동안의 얼굴 표정 변화를 담은 동영상 정보를 이용하면 얼굴 표정의 정지 영상을 이용하는 것보다 더 정확하게 감정을 읽어 낼 수 있다.

MIT 미디어연구소(Media Lab.)의 알렉스 펜틀랜드(Alex Pentland)와 조지아 공과대학교의 이르판 에사(Irfan Essa) 교수가 만든 얼굴 표정 인식 시스템은 분노, 혐오, 슬픔, 놀람 등 네 가지 감정을 98퍼센트 정확하게 인식한다.

사람의 감정이 표현되는 또 다른 매체가 있다. 바로 목소리이다. 우리는 목소리를 통해 다른 사람에게 감정을 전달하기도 하고, 다른 사람의 목소리를 듣고 그 사람의 감정 상태를 이해하기도 한다. 아서 클라크(Arthur Clarke)의 공상 과학 소설 《2001 스페이스 오디세이》에 등장하는 인공 지능 컴퓨터 할(HAL)은 승무원들의 목소리를 분석하여 감정 상태를 파악하는 능력을 갖고 있었다. 이 작품은 1968년에 스탠리 큐브릭 감독이 같은 제목의 영화로도 제작했다.

우리는 종종 목소리에 감정을 싣는다. 목소리의 높낮이, 크고 작음, 떨림 등을 통해 감정을 표현한다. 사람마다 구강 구조가 다르기 때문에 성량이 다르고 음색이 다른 목소리를 가지고 있지만, 모든 사람의 목소리에는 공통적인 것들이 있다. 보통, 두려울 때는 말을 빨리 하게 되고, 싫을 때는 말을 천천히 하는 경향이 있다. 화가 났을 때는 목소리의 진폭이 크고 슬플 때는 목소리가 거의 일정하게 낮게 나오는 것이 보통이다. 목소리는 감정 상태에 따라 다양한 특성을 보인다. 목소리의 성질, 말하는 속도, 말소리의 고저 등을 구분하여 연구하면 목소리만으로 그 사람의 감정 상태를 알아낼 수 있다. 현재 개발되어 있는 목소리로 감정 상태를 파악하는 시스템은 60퍼센트 이상의 정확도를 보인다고 한다.

사람은 다양한 경로를 통해 감정을 드러낸다. 우리는 얼굴 표정과 목소리 이외에 몸동작을 통해서도 감정을 표현한다. 우리는 놀랐을 때, 두려울 때, 기쁠 때, 슬플 때 각기 다른 얼굴 표정과 음성뿐만 아니라 다른 몸짓들로 감정을 표현한다. 영국 하트포드셔 대학교(University of Hertfordshire)의 롤라 카나메로(Lola Canamero) 박사 연구팀은 휴머노이드 로봇 나오(Nao)에게 몸짓으로 감정을 표현하도록 가르쳤다. 나오는 분노, 공포, 슬픔, 행복, 흥분, 자만 등의 감정을 몸짓으로 표현할 수 있다.

MIT 미디어연구소의 로잘린드 피카드와 제니퍼 힐리(Jennifer Healey), 일라이어스 비자스(Elias Vyzas) 교수 등은 무감정, 분노, 증오, 슬픔, 플라톤적 사랑, 로맨틱한 사랑, 기쁨, 존경심 등 여덟 가지 감정에 대해서 감정과 생리적 변화의 관계를 연구했다. 그 결과 생리적 신호를 통해 사람의 감정을 80퍼센트 이상 정확하게 인식하는 시스템을 만들었다.

사람은 감정의 변화에 따른 생리적 변화를 타인의 감정을 확인하는 방법으로 거의 사용하지 못한다. 타인의 생리적 변화를 측정할 수 있는 능력을 지니고 있지 않기 때문이다. 하지만 기계는 사람 몸의 생리적 변화를 기계적으로 측정할 수단을 가질 수 있다. 따라서 사람 몸의 생리적 변화의 측정은 사람과 기계의 소통을 위한 중요한 수단이 될 수 있다.

정서 컴퓨팅을 어디에 응용할 수 있을까?

오늘날 우리는 다양한 종류의 컴퓨팅 장치들을 사용한다. 물론 이런 장치들은 단순한 도구 혹은 그냥 기계일 뿐이다. 하지만 이런 기계들이 사람의 감정을 인지할 수 있다면, 우리는 이런 기계들을 좀 더 쉽게 사용하고 좀 더 즐거울 수 있을 것이다.

학교에서 친구와 다투어 기분 나쁜 상태로 집으로 돌아왔고, 숙제를 하려고 컴퓨터 앞에 앉았다고 상상해 보자. 억지로라도 언짢은 기분을 참으며 숙제를 해야 한다. 하지만 컴퓨터가 우리의 감정을 이해하고 또 그에 따라 반응할 수 있다면, 언짢은 마음으로 컴퓨터를 켰을 때 컴퓨터는 우리가 좋아하는 음악을 들려주거나 재미있는 유머로 우리의 기분을 좀 더 좋게 만들어 줄 수 있을 것이다.

정서 컴퓨팅을 응용하면 다양한 분야에서 새로운 효과들을 얻을 수 있다. 게임이 정서 감지 기능을 갖고 있다고 상상해 보자. 게임을 하다 지루해질 때 게임의 속도가 증가되거나 깜짝 미션이 나타난다면 유저의 게임에 대한 몰입도가 다시 높아질 것이다. 공포 게임에서 유저의 공포 수준을 감지하여 용기에 대한 가산점을 주는 방식으로 게임을 구성할 수도 있을 것이다.

소프트웨어 회사들은 정서 정보를 이용하여 소비자에게 더 높은 관심을 유발하는 제품을 만들어 낼 수 있다. 예컨대, 소프트웨어 제품 가운데 사용자가 가장 짜증스러워하는 부분과 가장 즐거워하는 부분을 식별할 수 있는 정서 정보를 모을 수 있다면, 그것을 토대로 소비자의 만족도를 한층 높이는 제품을 구성할 수 있을 것이다.

그밖에 건축가, 자동차 제조업자, 소프트웨어 설계자, 실내 장식가, 호텔 지배인 등 특정한 환경을 조성하는 분야에 종사하는 사람들은 자신들이 만들어 낸 공간이 사람들에게 어떤 반응을 받는지를 정서 컴퓨팅 기술을 이용하여 알아 낼 수 있을 것이다.

애완 로봇을 만들 경우에 감정적 요소는 필수적이다. 주인의 감정을 인지

하고 그에 따라 반응하거나, 그 정도까지는 아니라고 해도 몇 가지 정서적 행동을 흉내 냄으로써 주인과 정서적 소통을 할 수 있는 로봇이라야 좋은 애완 로봇일 것이다. 정서적 요소를 전혀 포함하지 않은 애완 로봇은 그냥 장난감에 불과한 것으로 취급받을 것이다.

감정이란 무엇인가?

감정이라는 영어 단어 emotion은 '불러일으키다'의 뜻을 지닌 프랑스 단어 emouvoir에서 유래했다. 감정의 어원에 대해서는 이와 다른 주장도 있다. 감정에 대한 연구가 심리학, 철학, 신경 과학 등 다양한 분야에서 이루어지고 있지만 감정이 무엇인지에 대한 한 가지 정의는 아직 내리기 어렵다. 감정은 우리가 중요하게 생각하는 어떤 사건에 대한 반응으로 나타나는 주

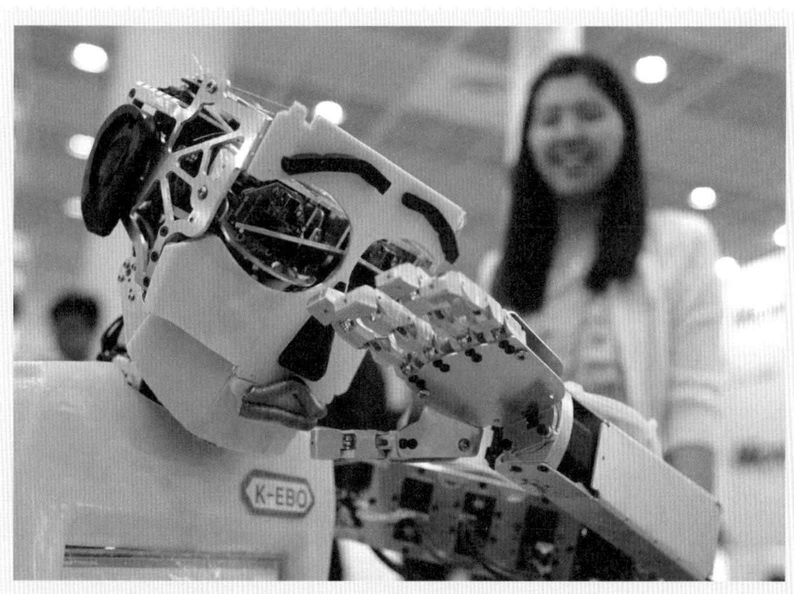

한국기술교육대학교 학부생들이 제작한 감정 로봇 'K-EBO'

관적인 의식적 경험으로서 보통 신체적, 생리적, 심리적 변화 등과 더불어 나타난다.

동양의 고전인 《중용》에서는 인간의 기본 감정을 '희노애락애오욕(喜怒哀樂愛惡欲)', 즉 기쁨, 노여움, 슬픔, 즐거움, 사랑, 미움, 욕심이라는 일곱 가지(칠정)로 이야기한다. 또 다른 동양 고전인 《예기》에서는 즐거움 대신에 두려움(구, 懼)을 포함시켜 일곱 가지 감정을 이야기한다. 불교에서는 '희노우구애증욕(喜怒憂懼愛憎欲)', 즉 기쁨, 노여움, 근심, 두려움, 사랑, 미움, 욕심, 이렇게 일곱 가지를 사람의 기본 감정이라고 한다.

미국의 생리학자인 로버트 플루치크(Robert Plutchik)는 사람의 기본적인 감정을 여덟 가지로 구분하고 그것을 긍정적인 감정과 부정적인 감정으로 짝지었다. 로버트 플루치크가 짝지은 여덟 가지 감정은 기쁨—슬픔, 분노—공포, 신뢰—불신, 놀람—기대이다.

하지만 사람들 가운데에는 감정을 잘 드러내지 않는 사람도 있고, 어떤 때는 사람들이 자기감정을 숨기기도 한다. 그리고 감정의 표현 방식은 문화에 따라서도 다를 수도 있다. 문화마다 특별히 강조되는 감정이 있을 수도 있다. 감정은 사람들 사이의 관계에서 매우 중요한 역할을 한다.

감정에 따라 변하는 것은 얼굴 표정, 목소리, 몸짓만이 아니다. 우리 몸은 감정 변화에 따라 생리적으로도 변화한다. 얼굴 표정을 숨기려고 노력하고 목소리에 변화가 생기지 않게 애쓸 수는 있어도 생리적 변화를 우리 마음대로 조절할 수는 없다. 그렇기 때문에 생리적 변화는 감정을 확인하는 중요한 척도가 될 수 있다. 감정의 변화에 따라 심장박동 수, 호흡 수, 근육 경직도, 피부의 전도성, 호르몬 분비 등에 변화가 생긴다. 하지만 우리는 타인의 몸에 나타난 생리적 변화를 쉽게 확인할 수 없다. 물론 생리적 변화들이 우리 눈에 보이는 형태로 드러날 때도 있다. 예를 들어, 땀이 난다든지, 얼굴색이

빨개진다든지, 가쁜 숨을 몰아쉰다든지 하는 등의 변화는 우리가 쉽게 식별할 수 있는 형태로 드러난다. 그 밖에 대부분의 생리적 변화, 다시 말해 심장 박동 수, 근육의 경직도, 피부의 전도성, 호르몬 분비의 변화 등은 우리가 알아볼 수 있게 겉으로 드러나지 않는다.

사람들 가운데에는 감정 표현을 중시하는 직업에 종사하는 이들이 있다. 이들에게 감정의 표현과 통제는 직업적으로 성공하기 위해 매우 중요하다. 배우와 같은 연기자나 각종 서비스업에 종사하는 감성 노동자들이 그들이다. 이들은 표정 연기, 목소리 조절, 훈련된 몸짓 등을 통해 관객이 작품에 몰입하게 만들고, 고객이 자신의 말에 귀 기울이고 서비스와 상품에 대해 더 만족스러운 느낌을 갖게 만든다. 그리고 사람들은 그들의 감정에 동조할 때 작품을 높이 평가하고 상품에 관심을 갖는다.

로봇이 정말로 감정을 가질 수 있을까?

오늘날 정서 로봇은 사실 감정을 가지고 있다고 보기는 어렵다. 사람의 감정 표현을 흉내 내는 것에 불과하다. 우리처럼 감정을 느끼고 표현하는 것이 아니고, 감정에 대한 느낌 없이 단순히 몇 가지 감정적 표현을 겉으로만 보여주는 것에 불과하다.

로봇이 사람의 감정에 반응하는 경우도 마찬가지이다. 사람의 감정을 인지하고 그에 따라 정해진 반응을 하는 것이다. 다시 말해, 로봇은 감정을 느끼는 것이 아니라 감정에 따른 변화를 인식하는 것이다.

정서 로봇이 지금보다 훨씬 다양한 얼굴 표정을 갖게 되고, 훨씬 다양한 종류의 감정에 반응할 수 있다고 해도, 정서 로봇에게는 감정의 자발성이 있을 수 없다. 우리가 다른 사람의 감정을 중시하는 이유 가운데 하나는 감정의 주관성에 있다. 동일한 사물이나 사건, 행위 등에 대해 사람들은 각기 다른 감정을 가질 수 있다. 또한 단순하게 기계적으로 감정에 반응하는 것과 자연스럽게 감정을 표현하는 것은 구분할 필요가 있어 보인다.

사람의 감정 표현은 직접적이기도 하지만 간접적이기도 하다. 사람들은 대놓고 감정을 드러내기도 하지만 애써 감정을 숨기고 에둘러 표현하기도 한다. 감정을 격렬하게 드러낼 때도 있지만 차분하게 드러낼 수도 있다. 지성이 감정을 통제하는 상황이 있고, 반대로 감정이 지성에 영향을 미칠 수도 있다. 격렬한 감정이 생각이나 판단을 방해할 때도 있다. 우리의 감정은 지성과 때로 협력하고 때로 갈등하며 서로 영향을 주고받는 관계에 있다.

사람의 감정 변화에는 생리적인 변화가 따라온다. 그리고 그런 생리적 변화에 따라 신체 기능이나 지성적 기능이 영향을 받는다. 즐거울 때는 몸도 가볍고 정신 기능도 활발하지만 슬프고 괴로울 때는 몸도 무겁고 정신 기능도 저조해질 가능성이 크다. 컴퓨터로 말하자면, 즐거운 상태일 때는 속도가 더 빠르고 정확하지만 슬플 때는 속도도 떨어지고 오류도 종종 발생할 것이다. 하지만 누가 이런 식으로 컴퓨터를 만들겠는가?

혹시라도 로봇이나 컴퓨터가 감정을 갖게 된다면 어떨까? 감정이 있는 로봇이 더 좋을까, 아니면 감정을 갖지 않는 로봇이 더 좋을까? 아서 클라크의 《2001 스페이스 오디세이》에 등장하는 인공 지능 컴퓨터 할(HAL)은 마치 사람과 같은 감정을 가진 것처럼 묘사되었다. 할은 목숨이 다하는, 사실은 동력이 꺼지는 마지막 순간에 공포를 느낀 것 같은 반응을 보인다.

소설에서 보여 주듯이, 사람들은 너무 똑똑한 로봇, 다시 말해 사람의 지능을 월등히 뛰어넘는 로봇이 출현하면 사람을 위협하지 않을까 하는 걱정을 한다. 로봇이 사람에게 반기를 들고 사람을 지배하려 들지 않을까 걱정하는 것이다. 하지만 지능만 있고 감정이 없다면 지능이 아무리 뛰어난 로봇이라도 사람에게 반기를 들지는 않을 것이다.

《로섬의 유니버설 로봇》을 쓴 카렐 차페크가 예견했듯이, 혹시 로봇이 인간에게 대항하는 날이 온다면 그것은 로봇이 월등한 지능을 가졌기 때문이 아니라 로봇이 감정을 느끼기 때문일 것이다. 감정을 가진 로봇은 사람과 구분하기 어려워질 것이다. 로봇이 감정을 느끼게 되면, 사람들이 서로 갈등하고 자신의 욕망을 채우기 위해 남을 해치기도 하듯이 로봇이 사람을, 또 다른 로봇을 해치려고 할 것이다.

4 인공 지능

로봇이 정말 윤리적으로 행동할 수 있을까?

중국 전국 시대에 주나라 목왕이 서쪽 지역을 시찰하고 돌아오는 길에 한 마을에서 언사라는 솜씨 좋은 장인을 만났다. 목왕은 언사에게 어떤 재주가 있는지 물었다. 언사는 목왕에게 명령을 내리면 무엇이든 만들어 보일 수 있다고 답하고, 먼저 이미 만들어 놓은 것을 보여 주겠다고 말했다.

다음 날 언사는 어떤 이와 같이 목왕을 만나러 왔는데, 같이 온 자가 바로 언사의 발명품인 자동인형, 즉 로봇이었다. 언사의 로봇은 사람처럼 보일 뿐 아니라 춤추고 노래하며 온갖 재주를 부려 목왕을 기쁘게 했다. 목왕과 그 곁에 있던 사람들은 모두 언사의 로봇을 재주 부리는 로봇이 아니라 사람이라고 생각했다. 그런데 재주가 끝날 무렵에 언사의 로봇이 목왕의 곁에 있던 여인들에게 윙크를 하며 수작을 걸었다. 이에 목왕이 크게 노하고 언사는 죽을 위기에 처한다. 다행히 언사는 재빨리 로봇을 분해해 죽음의 위기를 모면했다. 그리고 그렇게 정교하고 오묘한 것을 만든 것에 대해 오히려 목왕에게 칭찬을 듣고 큰 상도 받았다. 이 이야기는 중국 전국 시대의 사상가 열어구가 지은《열자》에 실려 있다.

언사는 겉모습과 행동 면에서 사람과 다름없는 로봇을 만들었지만 사람처럼 때와 장소에 따라 해도 되는 행동과 해서는 안 되는 행동을 구분할 줄 아는 로봇을 만들지는 못한 것이다. 그래서 하마터면 로봇의 행동으로 인해 목숨을 잃을 뻔했던 것이다.

로봇이 윤리적일 수 있을까?

만화 영화의 주인공인 아톰은 언사의 로봇과 달리 사람의 감정을 가지고 있고 사람 못지않은 분별력을 지니고 있다. 1952년에 일본의 만화가 데즈카 오사무가 만든 아톰은 〈철완 아톰〉이라는 연재만화에 처음 등장한 이후, 1960년대에 TV 애니메이션으로 재탄생했다. TV 애니메이션은 우리나라에서 〈우주소년 아톰〉이라는 이름으로 방영되었다. 2009년에는 〈아스트로 보이-아톰의 귀환〉이라는 극장용 애니메이션으로 다시 돌아왔다.

아톰은 '로봇은 사람을 행복하게 하기 위해 태어났다'는 로봇 법의 규정에 따라, 사람을 위해 세계를 지배하려는 악당들을 물리치고 위험에 빠진 사람들을 구하는 정의의 용사이다. 애니메이션 속의 아톰은 사람처럼 행동하고 생각할 뿐만 아니라 사람보다 더 인간적이고 더 정의로운 존재이다. 오히려 악당은 사람이다. 로봇을 나쁜 곳에 이용하는 것도 사람이다.

로봇이 나쁜 사람들에게 악용되든, 로봇이 스스로 사람들에게 해로운 존재가 되든 로봇으로부터 비롯되는 해악을 막을 필요가 있다는 생각, 로봇도 윤리적이어야 한다는 생각을 처음 한 사람은 아마 공상 과학 소설 작가인 아이작 아시모프일 것이다. 아시모프는 1942년에 발표한 단편 소설 《위험에 빠진 로봇(Runaround)》에서 '로봇 공학 3원칙'이라는 것을 처음 언급했다. 1940년대는 아직 로봇이 공장의 자동화 기계 정도의 수준일 때였지만, 아시모프는 로봇의 개념을 이해하고 미래에 등장할 로봇을 염두에 두고 있었던 것이다. 단순한 기계가 아니라 사람처럼 생각하고 말할 수 있는 로봇, 즉 사람의 개입 없이 스스로 작동하는 자율 로봇이 미래에 등장할 것이고, 그럴 경우에 사람과 로봇 사이에 충돌이 생길 것이라고 상상했다.

아시모프의 로봇 공학 3원칙은 오늘날의 기술로 만들 수 있는 로봇보다 더 진보해 사람에 버금가는 지능이 있고, 스스로 판단하여 결정할 능력이 있는 지능형 자율 로봇이 지켜야 할 행위 규범을 정한 것이다. 그 내용은 다음과 같다.

원칙1 – 로봇은 사람에게 해를 입히는 행동을 하거나, 사람이 해를 입는 상황에서 아무런 행동도 하지 않아서는 안 된다.

원칙2 – 로봇은 사람이 내리는 명령에 복종해야 한다. 단, 명령이 〈원칙1〉에 위배될 때는 예외로 한다.

원칙3 – 로봇은 자신의 존재를 보호해야 한다. 단, 자신을 보호하는 것이 〈원칙1〉과 〈원칙2〉에 위배될 때는 예외로 한다.

아이작 아시모프는 이 원칙들이 로봇의 행동을 규제하는 원칙으로 제대로 작동할 수 있는지를 여러 작품 속에서 시험했다. 그의 소설 중 《위험에 빠진 로봇》은 〈원칙2〉와 〈원칙3〉이 충돌할 수 있는 상황을 상상해 만든 이야기이다. 어찌 되었든, 아시모프는 미래의 로봇이 사람에게 해가 되지 않기를 바랐으며, 로봇 공학 원칙들, 혹은 그보다 확장된 다른 원칙들을 통하여 그렇게 만들 수 있을 것이라고 기대했다. 다시 말해, 윤리적인 로봇을 만들 수 있다고 생각한 것이다.

정말 그럴 수 있을까? 그 답은 우리가 어떤 로봇을 만들 수 있는지, 사람의 지능과 감정을 인공적으로 구현해 낼 수 있는지 여부에 달려 있다.

윤리적 로봇을 만들기 위한 노력들

로봇은 사람이 만든 것이다. 로봇이 자신의 후손들을 만들어 내거나 스스로 프로그램을 변경할 수 있는 날이 오기 전까지는 사람이 만든 프로그램에 의해 작동될 것이다. 오늘날 그리고 가까운 미래에 로봇이 사람에게 혹은 다른 로봇에게 해가 되는 행동을 한다면 그것은 사람이 만들어 넣은 프로그램 때문일 것이다.

사람이 프로그램한 로봇이 잘못된 행동을 하는 경우가 어떤 때인지 몇 가지 떠올려 볼 수 있다. 먼저, 프로그램에 오류가 있는 경우이다. 둘째, 로봇이 프로그램된 대로 작동했지만 해로운 결과를 야기한 경우이다. 이 경우는 로봇이 사용되는 영역과 상황에 대해 연구가 충분하지 않아서 프로그램이 불완전할 때 생긴다. 셋째, 어떤 사악한 개인이나 집단이 로봇을 악용하기 위해 나쁜 프로그램을 만드는 경우이다. 첫 번째 경우는 우연적이라 좀 더 주의를 기울이고 기술적 완성도를 높임으로써 해결할 수 있다. 세 번째 경우는 일종의 범죄 행위로 범죄자를 막는 방법과 같은 조치를 취하는 수밖에 없다.

두 번째 경우가 가장 문제이다. 로봇이 좀 더 지능적으로 진화해 우리가 로봇에게 더 많은 일을 위임하게 될 때에는 로봇에 설치할 프로그램을 설계하는 데 좀 더 신중해야 할 것이다. 지금처럼 단순히 효율성에만 치중해서 프로그램을 설계한다면 문제가 생길 수 있다. 사람의 행위는 일반적으로 법률이든 도덕이든 그 사회에서 통용되고 있는 규범들에 의해 규제된다. 이런 규범들은 사람이 하는 행위의 원칙으로 작동한다.

사람의 모든 행위는 몇 가지 원칙들에 의해서 허용되거나 금지된다. 지능을 가지고 있고 자율적으로 행동을 결정하는 로봇에게도 로봇의 행동을 규제할 수 있는 원칙이 필요할 것이다. 다시 말해, 사람의 지각과 마음에 해당하는 로봇의 프로그램이 준수해야 하는 윤리적 원칙이 필요할 것이다. 그리고 의무론적 원칙이나 공리주의적 원칙 가운데 어떤 원칙이 더 적합할지, 아니면 다른 어떤 윤리적 원칙이 더 적합할지에 대한 연구가 필요하다. 이 연구 분야를 기계 윤리라고 부른다.

잘못된 행동으로 가장 심각한 문제를 일으킬 수 있는 로봇은 전투 로봇이다. 전투 로봇은 사람의 생명과 건강, 재산에 직접적으로 영향을 미칠 수 있다. 미국 조지아 공과대학교의 로날드 아킨(Ronald Arkin) 교수가 진행하고 있는 '윤리적 지배자(ethical governor)' 프로그램은 전투에 투입된 로봇이 비윤리적인 혹은 비인도적인 행위를 하지 않도록 하고, 교전 수칙을 준수하도록 하기 위한 것이다.

아킨 교수는 사람 병사들도 교전 수칙을 어기고 전쟁 중에도 준수해야 하는 제네바 조약을 위반하는 경우가 있는데, 그것은 주로 병사들이 감정을 억제하지 못하기 때문이라고 설명한다. 분노, 복수심, 공포 등이 병사들의 비인도적 행위를 유발한다는 것이다. 아킨 박사는 이 점에서 오히려 로봇이 더 윤리적으로 행동할 가능성이 높다고 주장한다. 그 이유는 로봇에게서는 감정을 배제할 수 있기 때문이다. 아킨 교수는 다양한 전투 시나리오를 실제 전투 경험자들을 통해 수집하고 비윤리적, 비인도적 행위가 발생할 수 있는 상황에서 로봇이 공격적 행동을 하지 않도록 프로그램 하는 방식으로 윤리적인 전투 로봇을 개발하고 있다.

로봇 공학 3원칙의 한계

로봇의 행동을 규제하는 간단하면서도 강력한 원칙인 아이작 아시모프의 로봇 공학 3원칙은 로봇 윤리 규범의 흥미로운 모델을 제시한다. 하지만 아시모프의 로봇 공학 3원칙이 현실 세계의 로봇에게도 적용할 수 있을지 의문이다. 먼저, 아시모프의 원칙들이 불완전하다는 것도 문제가 될 수 있다. 아시모프는《위험에 빠진 로봇》에서 원칙들 사이의 충돌 상황을 그려 냈다. 그 상황은 간략하게 다음과 같이 요약할 수 있다.

수성 기지 재가동 임무를 수행하고 있는 그레고리 파월(Gregory Powell)과 마이크 도노반(Mike Donovan)으로부터 셀레늄 채취 임무를 받아, 기지에서 27킬로미터 떨어진 셀레늄 웅덩이를 찾아온 지능 로봇 스피디(Speedy)는 5시간이 지나도록 기지로 돌아가지 못하고 있다.

뒤늦게 스피디를 발견한 파월과 도노반은 스피디에게 돌아올 것을 명령

했지만 스피디는 알아듣지 못하는 소리를 지껄이며 셀레늄 웅덩이 주변에서 계속 왔다 갔다 하는 행동을 반복하고 있다. '로봇은 사람이 내리는 명령에 복종해야 한다'는 〈원칙2〉에 따라 스피디는 셀레늄 웅덩이로 가서 셀레늄을 채취해 돌아가야 하는 임무를 수행하고 있는 것이다. 하지만 셀레늄 웅덩이에서 뿜어져 나오는 화학 물질이 스피디에게 매우 위험한 것이어서 스피디가 셀레늄 웅덩이로 다가갔을 때 '로봇은 자신의 존재를 보호해야 한다'는 〈원칙3〉이 강화된다. 그래서 스피디는 셀레늄 웅덩이에서 멀어지고 다시 〈원칙2〉에 따라 셀레늄을 채취하러 웅덩이를 향해 간다. 또 웅덩이의 근처에 도달하면 〈원칙3〉에 따라 다시 웅덩이에서 멀리 떨어지려고 한 것이다.

이런 식으로 스피디는 계속해서 셀레늄 웅덩이 주변을 왔다 갔다 했다. 그대로 내버려 두었다면 스피디는 태양의 열기를 더 이상 버티지 못하고 몸체가 타 버릴 때까지 동작을 무한 반복했을 것이다. 하지만 파월이 생명의 위험을 무릅쓰고 〈원칙1〉에 호소하는 행동을 함으로써 스피디도 구하고 자신들의 임무도 완수할 수 있었다.

로봇 공학 3원칙이 불완전하다고 생각한 아시모프는 1985년에 《로봇과 제국》에서 〈원칙0〉을 추가했다. 그것은 '로봇은 인간성(humanity)에 해를 입히는 행동을 하거나, 인간성이 해를 입는 상황에서 아무런 행동도 하지 않아서는 안 된다'는 원칙이며, 기존의 3원칙보다 먼저 지켜야 할 우선적 원칙이다.

하지만 아시모프의 로봇 공학 원칙들의 진짜 문제는 불완전성보다는 공상적 성격에 있다. 이 원칙들은 공상 과학 소설 속에서 제시된 것이다. 아시모프가 여러 작품을 통해 가상의 상황을 설정해 로봇 공학 원칙들을 검토하기는 했지만, 그런 과정을 통해 아시모프의 원칙들이 더욱 튼튼해졌다기보다는 문제점이 더욱 분명히 드러났다.

또한 아시모프의 로봇들은 현실 세계의 로봇과 상당한 차이가 있었다. 혹시 먼 미래에는 아시모프의 로봇이 실현될지도 모르지만 말이다. 아시모프의 로봇들은 사람의 거의 모든 능력을 흉내 내고 있거나 어떤 영역에서는 사람을 능가하는 능력을 보유하고 있다.

윤리적으로 행동한다는 말은 무슨 뜻인가?

윤리적인 로봇을 상상하기에 앞서 '윤리적으로 행동한다'는 말이 무슨 뜻인지 생각해 볼 필요가 있다. 우리의 행위들 가운데 평가가 뒤따르는 것들이 상당수 있다. 이를테면, '잘한다', '못한다', '옳다', '그르다', '바람직하다', '바람직하지 않다', '좋다', '나쁘다', '적절하다', '부적절하다' 등으로 평가되는 행동들이다. 이런 평가에 따라 사람들은 칭찬, 비난, 격려, 질책 등을 받는다. 칭찬받을 만한 행위는 바람직하지만 비난받아 마땅한 행위는 바람직하지 않다.

어떤 행위가 칭찬받는 이유는 크게 두 가지 경우로 생각해 볼 수 있다. 하나는 잘한 것에 대한 보상이다. 다시 말해, 어떤 일을 효과적으로 했거나 좋은 결과를 낳은 행위를 한 덕에 칭찬을 받는 것이다. 또 하나는 착한 일을 한 것에 대한 보상이다. 다시 말해, 요구되는 규범에 일치하는 행위를 했거나 타인에게 이득이 되는 일을 한 덕분에 칭찬받는다. 전자의 경우를 행위에 대한 실용적 평가라고 한다면, 후자의 경우를 행위에 대한 윤리적 평가라고 할 수 있을 것이다. 실용적 평가는 실용적 가치, 즉 이득이나 효율성 등에 대한 평가이며, 윤리적 평가는 윤리적 가치, 즉 선이나 옳음에 대한 평가이다.

일단, 윤리적으로 평가를 받는 행위가 윤리적 행위라고 할 수 있다. 윤리적으로 좋은 평가를 받으려면 윤리적 가치를 실현하는 행위를 해야 한다. 윤리적으로 가치 있게 여겨지는 선이나 옳음을 실천하는 행위가 윤리적인 행

위이다. 선이나 옳음은 우리가 도덕 혹은 윤리적 원칙이라고 부르는 것에 나타나 있다. 따라서 윤리적인 행위는 도덕 법칙이나 윤리적 원칙에 따른 행위일 것이다.

윤리적인 원칙은 크게 두 가지로 나뉜다. 하나는 적극적으로 선을 실현할 것을 명령하는 원칙이고, 또 하나는 소극적으로 악에 굴복하는 것을 금지하는 원칙이다. 윤리적 행위는 악행에 반대되는 행위이다. 악은 다른 사람이나 집단에게 해를 끼치는 것을 말한다. 그러므로 선을 실현하는 것뿐만 아니라 타인이나 집단에게 해를 끼치지 않는 행위 또한 윤리적인 행위라고 할 수 있다.

그리고 윤리적인 행위는 행위의 주체로부터 비롯한다. 바위나 강 같은 자연물이나 식물이나 동물은 보통 윤리적 행위와 관련이 없는데, 그 이유는 그런 존재들이 행위의 주체가 될 수 없기 때문이다. 바위나 강 같은 자연물에는 행위라고 할 수 있는 것이 없다. 외부에서 작용하는 힘에 의해 물리적인 법칙에 따라 움직일 뿐이다. 나무 같은 식물에서도 자발적인 움직임은 거의 발견되지 않는다. 동물의 행동 역시 다른 원인에 의해 자연적으로 유발된 것이지 그 자신에게서 자발적으로 발생한 것이 아니다. 윤리적 행위는 윤리적 행위자의 행위이다. 로봇과 관련하여 윤리적 행위자를 3단계로 구분한 로봇 윤리학자 무어의 주장은 흥미롭다.

로봇이 윤리적 행위자라면 인간과 차별할 수 있을까?

첫째 단계는 암묵적인 윤리적 행위자이다. 암묵적인 윤리적 행위자로서 로봇은 비윤리적 결과를 초래하는 행동을 하지 않도록 프로그램 되어 있다. 이런 로봇은 구체적 상황에서 윤리적인 의사 결정을 하지는 않지만 결과적으로 보면 윤리적인 행위를 하도록 되어 있다는 점에서 그 행동이 윤리적이라고 할 수 있다. 비행기의 자동 조종 장치는 승객에게 미치는 해를 최소화하고 승객의 안전을 도모하는 방식으로 작동된다.

둘째 단계는 명백한 윤리적 행위자이다. 무어가 명백한 윤리적 행위자라고 한 것은 마치 체스를 둘 줄 아는 컴퓨터가 체스를 하듯이 윤리적인 행위를 하는 로봇을 말한다. 이런 로봇은 설계된 절차에 따라 특정 상황에서 판단을 하고 윤리적 원칙에 들어맞는 행위를 추론한다. 로봇이 의사 결정을 하는 데 토대가 되는 윤리적 원칙은 칸트의 정언 명법일 수도 있고 밀의 공리성 원칙일 수도 있을 것이다.

하지만 명백한 윤리적 행위자라고 부를 수 있는 로봇도 완전한 의미에서 윤리적 행위자는 아니다. 셋째 단계인 완전히 윤리적인 행위자라고 할 수 있으려면 자유로운 존재이어야 한다. 사람처럼 의식을 가지고 있고, 자유 의지를 행사할 수 있는 존재여야 한다. 자유로운 존재의 행위를 윤리적이라고 하는 이유는 그 행위의 결과에 대해 행위 주체가 책임을 지기 때문이기도 하다. 윤리적 행위자의 행위에는 책임이 뒤따른다.

여기서 문제가 드러난다. 로봇을 명백한 윤리적 행위자로 설계할 수는 있을 것이다. 그렇다고 해서 로봇이 완전한 윤리적 행위자일 수 있는지 의문이다. 자유로운 존재이면서 의식을 지닌 로봇을 사람이 만들어 낼 수 있을까? 혹은 우연히라도 그런 로봇이 등장할 수 있을까? 이 물음은 자유가 무엇이며 의식이 무엇인지에 대해 좀 더 진지한 철학적 성찰을 요구한다.

로봇이 윤리적 행위자라고 할 때 발생하는 또 한 가지 문제가 있다. 바로 책임의 문제이다. 로봇을 윤리적 행위자로 인정할 경우에, 로봇이 한 행위에 대한 책임을 로봇에게 묻는 것이 합당한가 하는 것이다. 오작동이든 실수든, 아니면 프로그램의 결함이든 로봇의 행위로 인해 사람이나 다른 로봇이 심각한 피해 혹은 손상을 입었을 때, 그에 대한 책임을 누가 져야 하는가? 사람이라면 피해 보상을 하거나 감옥에 수감되어 죄 값을 치를 수 있다. 그런데 로봇을 감옥에 수감하는 것이 무슨 의미가 있을까? 로봇을 수리하거나, 심한 경우에 로봇을 해체하는 것으로 책임을 물었다고 할 수 있을까? 이런 물음들은 우리를 적잖이 당황스럽게 한다.

좀 더 당황스러운 물음을 한 가지 더 제기하면서 이 장을 마무리 하자. 로봇이 인간처럼 의식을 지니고 있고, 자유롭게 판단하여 의사 결정을 할 수 있고, 심지어 감정 표현까지 할 수 있다면 그런 로봇과 사람을 구분할 수 있을까? 또 그런 로봇과 사람을 구분하는 것이 얼마나 의미 있는 것일까? 그런 로봇을 인간과 다름없는 존재, 마치 낯선 나라에서 온 외국인이나 다름없는 존재로 생각하는 것이 가능하지는 않을까?

5 생명 공학

동물의 장기를 이용해 사람의 생명을 구하는 것이 왜 나쁜가?

인도의 신 가운데 사람의 몸에 코끼리의 얼굴을 한 신이 있다. 가네샤(Ganesha)라고 불리며 새로운 시작을 관장하고 장애를 제거하는 신이다. 가네샤는 시작의 신이므로 인도 사람들은 예배나 의식, 건축, 사업, 여행 등을 시작할 때 가네샤에게 기원한다. 우리나라에서 사업을 시작하는 개업식이나 건물을 짓는 기공식 등에서 무탈하게 건물이 완공되고 사업이 번창하기를 기원하는 의미에서 고사를 지내는 것과 비슷하다.

가네샤는 특이한 탄생 신화를 갖고 있다. 가네샤는 힌두교의 3대 신 중 하나인 파괴의 신 시바와 여신 파르바티 사이에서 태어났다. 어느 날 시바가 외출한 동안 파르바티가 목욕을 하려고 했다. 그런데 파르바티는 누군가 문을 지켜야 안심하고 목욕을 즐길 수 있을 것 같아 자신의 비듬으로 가네샤를 만들었다. 그러고는 가네샤의 손에 철퇴를 들려 문을 지키도록 했다. 시바는 어디든 누구의 허락 없이도 통행할 수 있는 존재였기 때문에 파르바티가 목욕하는 중에도 불쑥 들어와 민망하게 한 적이 있었다. 그리고 모든 문지기는 시바의 수중에 있었기 때문에 파르바티는 자신의 문지기를 스스로 만들어 낸 것이다.

시바가 갑자기 외출에서 돌아왔을 때, 가네샤는 파르바티의 명령에 따라 시바가 들어오지 못하게 막았고 이에 격분한 시바가 가네샤의 머리를 잘라 버렸다. 소란을 피우는 소리를 듣고 밖으로 나온 파르바티는 자신의 아들인 가네샤가 죽은 것을 보고 크게 화를 냈다. 파르바티의 화를 진정시키기 위해 시바는 가네샤와 같은 시각에 태어난 코끼리의 머리를 가네샤의 몸에 이식시켜 가네샤를 소생시키고, 그를 자신이 거느리는 부대인 가나의 우두머리로 삼았다.

사람들은 왜 동물의 몸을 탐하는가?

가네샤는 사람의 몸에 다른 동물의 세포나 조직, 장기 등을 이식하는, 이른바 '이종 이식(xenotransplantation)' 의 가장 오래된 신화적 사례일 것이다. 그리스 신화에서도 이종 이식의 사례를 찾을 수 있다. 현대 이종 이식 시술의 선구자 가운데 한 사람인 키스 림츠마(Keith Reemtsma) 박사의 해석에 따르면, 그리스 신화에서 다이달로스가 미노스 왕의 미궁에서 아들 이카로스를 데리고 탈출할 때 사용한 방법도 이종 이식이었다. 다이달로스는 새의 깃털을 자신과 아들 이카로스의 겨드랑이에 이식해 날개를 만들어 함께 미궁을 탈출하였다.

사람들은 보통 낯선 것을 두려워한다. 낯선 것 가운데 대표적인 것이 서로 종류가 다른 것을 섞어 놓은 혼종이다. 켄타우로스, 고르곤, 메두사, 키메라, 사티로스, 스핑크스 등 세계 여러 나라의 신화와 전설에 등장하는 가장 무서운 괴물들이 혼종인 것을 보면 낯설음에 대한 두려움이 뿌리 깊은 듯하다.

혼종에 대한 두려움과 혼종을 괴물로 보는 부정적 시각에도 불구하고 사람들이 다른 동물의 몸을 사람의 몸에 이식하겠다는 생각을 한 이유가 뭘까? 장기 손상이나 퇴행 등으로 인해 장기의 기능이 완전하지 않으면 생명이 위험해지기도 하는데, 심하게 손상된 장기는 현대 의학으로도 마땅한 치료법이 없어 건강한 장기를 이식받는 수밖에 없기 때문이다.

하지만 건강한 장기를 이식받는다는 것이 그리 쉬운 일이 아니다. 살아 있는 사람이 자신의 장기를 다른 사람에게 준다는 것은 상상하기 어렵다. 그것은 곧 죽음을 의미하기 때문이다. 예외는 있다. 신장은 우리 몸에 두 개 있는데, 그중 하나로도 생명을 유지하는 데 어려움이 없다. 그래서 부모를 위해 자식이 자신의 신장을 떼어 준 이야기나 부모가 자식을 위해 신장을 떼어 준 이야기가 종종 뉴스거리가 되곤 한다. 간장의 경우에는 부분 이식이 가능하다. 다른 장기와 달리 간은 재생 기능이 있기 때문이다. 이식을 위한 장기는 대부분 죽은 사람의 것을 이용할 수밖에 없다.

그런데 죽은 사람의 장기를 이용하는 데도 어려움이 있다. 사람이 죽으면 혈액 순환이 더 이상 되지 않기 때문에 죽은 사람의 몸은 빠른 속도로 부패된다. 따라서 죽은 사람의 장기를 이식받기 위해서는 사망 직후 곧바로 장기를 떼어 내야 한다. 여기서 또 한 가지 물음이 생긴다. 죽은 사람이라고 해서 사체에서 장기를 마음대로 떼어 낼 수 있을까? 만일 그렇게 한다면 사체 훼손죄로 형사 처분을 면치 못할 것이다. 그러므로 사람에게 이식할 수 있는 장기는 대부분 사전에 장기 기증을 약속한 사람이 사망한 이후에 그 사람의 몸에서 적출한 것들이다.

질병관리본부 장기이식관리센터의 집계에 의하면, 2013년 1월 말 기준으로 우리나라의 장기 이식 대기자 숫자가 2만 3000명가량이다. 장기 이식 대기자의 숫자는 매년 증가하는 추세이며, 최근 들어 사후 장기 기증을 약속한 기증 희망자의 숫자가 크게 증가하였지만 실질적으로 기증되는 장기는 수요에 크게 미치지 못하고 있다. 우리보다 조금 사정이 낫다고 하는 서구 선진국들도 사정이 어렵기는 매한가지이다.

이런 상황에서 대안으로 떠오른 것이 동물의 장기를 이용하는 이종 이식이다. 이종 이식 기술이 개발되기만 한다면, 이식용 장기 공급을 걱정할 필요가 없어진다. 동물의 장기를 이식하는 데 동물의 허가를 받을 일이 없을 것이고, 수요에 맞춰 장기 이식용 동물의 숫자를 조절해 가며 키울 수 있을 것이기 때문이다. 하지만 이종 이식에 연구자들의 관심이 쏠리면서 이종 이식에 반대하거나 우려를 표현하는 사람들도 늘었다. 이종 이식에 무슨 문제가 있기에 반대하는 것일까? 동물의 희생으로 사람의 목숨을 구할 수 있다면 좋은 것 아닌가?

사람의 몸에 동물의 몸을 이식한다는 생각의 역사

사람의 몸에 동물의 세포나 조직, 장기를 이식하는 이종 이식의 역사는 생각보다 오래되었다. 17세기 초반에 이탈리아의 파두아와 영국의 런던에서 동물의 혈액을 사람에게 수혈한 기록이 있다. 프랑스의 데니스(Jean Baptiste Denis) 교수는 17세기 중반, 동물 혈액의 수혈을 통한 치료법의 권위자였다. 데니스는 다양한 증상의 환자에게 양의 피를 수혈했다. 17세기 말에는 두개골이 손상된 러시아의 귀족을 치료하기 위해 개의 뼈를 이용했다는 기록이 있다.

이종 이식이 본격적으로 시도된 것은 20세기부터이다. 1902년에 오스트리아의 에머리히 울만(Emerich Ullman)이 돼지의 신장을 한 여성의 팔 혈관에 이식했다. 1906년에는 프랑스의 마티에 자불레이(Mathier jaboulay)가 돼지와 염소의 신장을 사람의 팔 혈관에 이식했다. 이 두 사례에서 사람의 팔 혈관에 이식된 신장은 사람의 몸 밖에 두었으며, 전혀 작동하지 않았다.

제대로 된 의학적 지식을 바탕으로 한 이종 이식 시술은 1960년대에 들어와서 이루어졌다. 1963년 미국의 토마스 스타츨(Thomas Starzl)은 6명의 환자에게 개코원숭이의 신장을 이식했다. 스타츨의 환자들은 짧게는 19일, 길게는 98일 동안 생존했다. 같은 해 미국의 키스 림츠마는 침팬지의 신장을 사람에게 이식했다. 그가 이식한 신장들은 9일에서 60일간 사람의 몸에서 작동했으며, 한 번은 거의 9개월 동안 거부 반응 없이 정상적으로 기능했다.

이종 이식의 역사에서 중대한 전환점이 된 사건은 1984년에 일어났다. 미국의 레오나드 베일리(Leonard Bailey)가 이끈 수술진이 심각하게 변형된 심장을 갖고 태어난 파이(Fae)라는 생후 12일 된 아기에게 개코원숭이 새끼의 심장을 이식했다. 파이는 20일 동안 살아 있었다. 이 수술에서는 사이클로스포린(cyclosporine)이라는 면역억제 약물이 사용되었다.

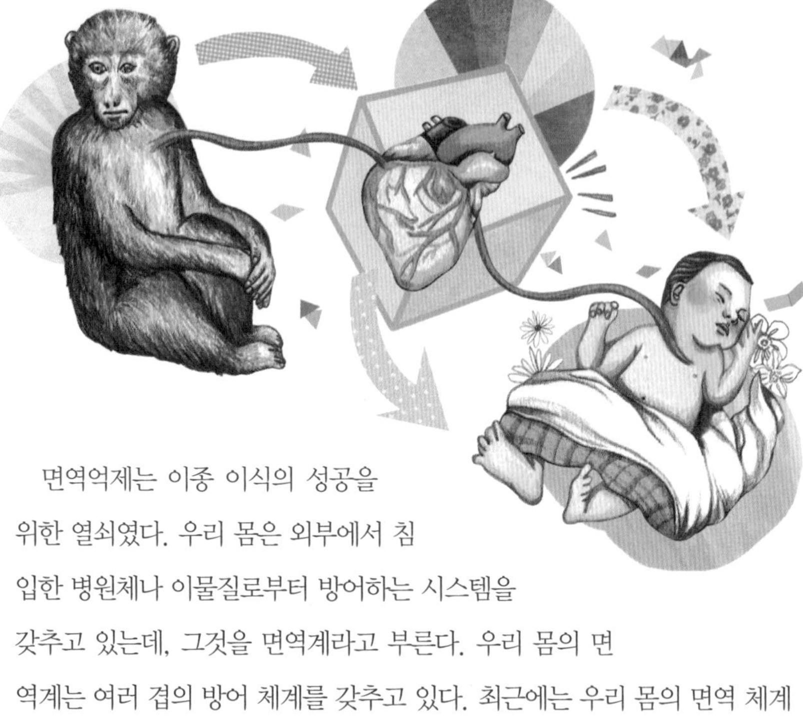

면역억제는 이종 이식의 성공을 위한 열쇠였다. 우리 몸은 외부에서 침입한 병원체나 이물질로부터 방어하는 시스템을 갖추고 있는데, 그것을 면역계라고 부른다. 우리 몸의 면역계는 여러 겹의 방어 체계를 갖추고 있다. 최근에는 우리 몸의 면역 체계에 대한 과학적 지식이 크게 증가했지만, 아직도 밝혀지지 않은 부분이 있다. 동물의 신체 조직이나 세포, 장기 등을 우리 몸에 이식하면 반드시 면역계가 작동하고 이식된 동물의 몸은 우리 몸의 방어 체계에 의해 파괴될 것이다. 그러면 이종 이식 수술은 실패하고 환자는 생명을 잃을 것이다.

현재 우리 몸의 방어 체계, 즉 면역계의 거부 반응을 회피하거나 완화시키는 약물들이 여러 가지로 개발되고 있다. 최근에는 유전 공학의 발전에 힘입어 동물에게 인간 유전자를 주입한 트랜스제닉 동물을 만들어 이식용 동물로 활용하는 방식으로 우리 몸의 면역 거부 반응을 최소화하는 연구도 진행되고 있다.

우리나라에서는 2011년 11월에 서울대학교 연구진이 돼지의 인슐린 분비 세포를 당뇨병에 걸린 원숭이의 세포에 이식해 원숭이를 6개월 이상 생존시키는 데 성공했다. 연구진은 8마리의 원숭이에게 돼지의 인슐린 분비 세포를 이식했으며, 자체적으로 개발한 면역억제 약물을 사용해 관리한 결과 4마리의 원숭이에게서 긍정적 성과를 얻었다.

이종 이식으로 무엇을 얻을 수 있는가?

이종 이식은 새로운 장기를 얻어 생명을 구할 수 있는 사람들에게 큰 희망일지 모른다. 다른 사람의 장기를 기증받아 생명을 구하는 것이 가장 좋은 선택이겠지만, 그럴 수 없는 경우에 동물의 장기라도 환영할 사람이 적지 않을 것이다. 유전 공학 기술을 이용해 사람의 유전자를 포함한 장기를 동물의 몸에서 기를 수 있으니 동물의 장기가 이질적이라는 생각도 줄어들 것이다.

이식용 장기의 대안으로 사람의 장기와 동물의 장기 이외에 인공 장기도 연구되고 있다. 현재 인공 장기는 과거에 비해 크게 발전했지만 소형화와 체내 이식, 동력원 등과 관련해 개발에 어려움을 겪고 있다. 또한 인공 장기로 모든 장기를 대체할 수 있는 수준도 아니다. 인공 장기가 자연 장기의 기능을 어느 정도 대신할 만한 수준에 이르기까지는 상당한 시간이 걸릴 것으로 보인다.

동물의 장기는 인간의 것과 크기와 기능이 비슷하며 완전 이식이 가능하다. 또한 별도의 동력원도 필요로 하지 않아 기계 장치를 사용할 때 나타나는 응혈의 위험도 낮다. 동물 장기의 활용에는 몇 가지 장벽이 남아 있지만 인공 장기의 개발에 비해 좀 더 빨리 가능한 길이 열리지 않을까 기대할 수 있다.

동물 장기는 이식용 장기를 구할 수 없는 긴급한 상황에서 생명 유지를 위한 중간 단계로 활용할 수도 있다. 환자가 적절한 사람의 장기를 구할 수 있을 때까지 임시로 동물의 장기를 이식받아 생명을 연장하는 것이다. 하지만 이런 방식은 장기의 수요를 증가시킬 가능성이 있다. 동물 장기를 이식받아 생명을 유지하면서 더 많은 사람들이 영구적으로 이식이 가능한 사람의 장기를 기다리게 될지 모른다. 그렇기 때문에 이종 이식을 연구하는 과학자들은 동물 장기를 영구적인 이식용 장기로 만드는 길을 찾고 있다.

그렇다면 사람의 몸에 이식할 장기를 제공하는 동물은 어떤 동물일까? 사람에게 이식할 동물의 장기를 선택할 때 몇 가지 고려해 봐야 할 것이 있다. 먼저 사람과 생물학적으로 가까운 동물일수록 면역 거부 반응이 약하게 일어날 것이다. 또 장기의 크기도 중요하다. 사람의 몸에 이식하기에 너무 크거나 너무 작은 장기는 적당하지 않다. 이렇게 따져 볼 때 가장 사람에게 적합하다고 생각되었던 동물은 침팬지이다. 인간과 침팬지는 유전적으로 98퍼센트 이상 일치한다고 한다. 그래서 이종 이식 연구 초기에는 침팬지를 대상으로 한 연구가 주를 이루었다. 하지만 지금은 이종 이식을 위해 침팬지를 연구하는 경우는 드물다. 침팬지로 인한 이종 감염 때문이다.

이종 감염이란 서로 다른 종 사이에서 질병이 옮겨지는 것으로, 침팬지에게는 별다른 이상을 보이지 않는 바이러스가 인간의 몸에서는 변이를 생성하여 치명적인 질병을 유발하는 경우가 있다. 후천성면역결핍증(AIDS)은 대표적인 사례로, 후천성면역결핍증의 기원이 침팬지로부터 인간에게로 옮겨진 리트로바이러스 때문이라는 것이 현재의 정설이다.

침팬지를 대신해서 인간에게 장기를 내어 줄 동물로 첫손에 꼽히는 것은 돼지이다. 돼지는 인간과 유전학적으로 비교적 가깝고, 장기의 크기도 인간과 비슷하다. 돼지는 침팬지와 달리 이종 감염의 위험이 없다고 한다. 후천성면역결핍증을 유발하는 HIV와 같은 종류의 바이러스를 만들어 낼 리트로바이러스를 돼지는 가지고 있지 않다. 돼지의 장점은 그것 말고도 많다. 번식력이 뛰어나고 성장이 빠르기 때문에 낮은 비용으로 이식용 장기를 생산할 수 있을 것으로 기대된다.

충분한 설명과 자발적 동의란?

동물 장기를 이식받으려는 사람들은 아마 이종 이식이 마지막 선택일지 모른다. 그렇다고 해서 그런 사람들에게 동물의 장기라도 이식받을 수 있는 게 행운이라고 생각해서는 안 된다. 동물 장기를 사람의 몸에 이식하는 것은 쉽게 경험해 보지 못한 새로운 일이며, 사람들이 가지고 있는 일반적인 상식과 일치하지 않는 면들이 적지 않기 때문이다. 또한 동물 장기의 이식은 생각보다 위험한 일일지 모른다. 그래서 동물 장기 이식에 관해서는 다른 어떤 종류의 의료적 행위보다도 더 강도 높은 자발성이 필요하다.

위험이 내재되어 있는 의료 행위가 이루어질 때, 환자의 자발성을 확보하기 위해 충분한 설명과 그를 바탕으로 한 자발적 동의라는 개념이 사용된다. 환자는 자신이 앞으로 받게 될 의료적 처치에 관해 설명을 충분히 들어야 하며, 그런 연후에 본인의 결단으로 자유롭게 동의 또는 반대 의사를 표현할 수 있어야 한다. 여기서 충분한 설명과 자발적 동의가 무엇을 뜻하는지 생각해 볼 필요가 있다. 이종 이식과 같은 잠재적 위험이 있는 의료 행위가 일어날 때, '충분한 설명'과 '자발적 동의'라는 개념이 의미 있게 사용될 수 있을 정도로 설명이 이루어져야 하고 동의를 구하는 절차가 진행되어야 한다.

이종 이식 시술에 있어서 충분한 설명과 자발적 동의란 어떤 것일까? 먼저, 이종 이식이 어떤 것인지 설명하고, 동물의 몸 일부를 사람의 몸에 이식하는 것임을 환자가 정확히 인지하도록 해야 한다. 그리고 현재까지 밝혀진 사실들을 토대로 이종 이식의 잠재적 위험성과 이종 이식 이후에 환자에게 생길 수 있는 생리적, 심리적 영향 등에 대해 환자에게 분명하고도 충분히 설명해 줘야 한다. 더 이상의 치료법이 없어 죽음을 기다리고 있는 환자라도 해도 마찬가지이다.

이종 이식 수술을 할 환자는 치료 과정에서 육체적, 정신적 고통을 겪을 수 있다. 치료에 대한 높은 기대감에도 불구하고 성공 확률은 지극히 낮을 것이며, 수술이 성공한다고 해도 삶의 질은 과거에 건강했을 때보다 현저하게 낮아질 것이다. 약화시킨 면역력으로 여러 가지 질병에 걸릴 가능성이 있고 가족 등에게 질병이 전염될 수 있다. 이런 점들은 시술 이전에 환자가 분명히 알 수 있도록 해야 한다.

특히, 이종 이식 시술이 시행되는 초기의 환자들은 이종 전염의 위험 때문에 수술이 성공한 이후에도 평생 동안 자신과 자신의 가족의 신체적, 사회적 활동이 지속적으로 관찰될 수 있다는 사실을 알고 있어야 한다. 후천성면역결핍증과 같은 이종 감염으로 인한 질병의 치명적 위력에 대비해 이종 이식 환자는 거주지 이전, 성생활, 임신 등 질병의 감염 및 전파와 관련된 모든 행위에 제한을 받을 수 있다는 점도 알고 있어야 한다. 초기의 이종 이식 환자는 사망 이후에도 사체가 부검 목적으로 기증되는 조건으로 시술을 받게 될지도 모른다. 특정 장기는 연구 목적으로 장기 보관될 수 있으며, 보험이나 의료 혜택에서 차별을 받을 수 있다는 것도 환자에게 인식시켜 주어야 한다.

이종 이식 시술을 받을 환자는 이런 모든 점들에 대해 충분히 이해할 수 있도록 설명을 들을 권리가 있다. 그런 연후에 자발적으로, 스스로 생각하고 판단하여 수술을 받을지 여부를 자유롭게 결정해야 한다. 사람들이 다른 사람의 직접적인 강요 없이 판단했다고 해서 모두 자발적이라고는 할 수 없다. 특정한 상황이나 환경이 사람의 판단 방향을 유도하기도 하기 때문이다. 그러므로 이종 이식 시술을 받을지 말지를 판단해야 하는 환자에게는 회의적인 견해 역시 충분히 들려주어야 한다. 이것이 자발적 동의라는 요건을 만족시키기 위한 좀 더 바람직한 조건이다.

이종 이식은 단지 개인의 문제일까?

이종 이식은 감기나 고혈압, 악성 종양 등의 치료와 같지 않다. 이런 질병들의 치료는 순전히 환자 개인에 국한된 문제이며, 경제적, 심리적인 문제가 개입되었을 때만 환자의 가족이나 보호자와 연관된다. 물론 감기는 다른 사람에게 옮길 가능성이 있기 때문에 조금 주의가 필요하다. 하지만 감기는 사람에게 치명적인 질병이 아니고, 누군가 감기에 걸렸을 때 우리는 그 사람이 말을 하지 않아도 감기에 걸렸다는 것을 알고 조심할 수 있다.

만일 이종 이식이 이종 감염을 유발하고, 그 질병이 잠복기가 있는 치명적인 전염성 질병이라면 문제는 생각보다 심각해진다. 이종 이식을 받은 사람의 가족과 친구, 그 외에 일상생활에서 불가피하게 접촉했던 모든 사람들이 질병 감염의 위험에 노출되는 것이다. 또한 그렇게 감염된 불특정 다수가 또 다른 불특정 다수에게 질병을 옮길 수 있다. 이런 상황은 최악의 극단적인 경우이지만 전적으로 배제할 수 있는 것은 아니라고 본다.

이종 이식 연구가 정말 성공을 거둘지 의심하는 사람들도 있다. 국가의 연구 개발비라는 한정된 자원을 이종 이식같이 성공을 장담하기 어렵고, 성공한다고 해도 혜택을 받을 사람이 지극히 제한적인 연구에 투자하는 것이 올바른 일인지 의심하는 사람들도 있다. CRT(The Campaign for Responsible Transplantation)라는 국제단체는 유전자가 변형된 돼지나 영장류의 장기, 세포, 조직을 사람에게 이식하는 이종 이식의 상업성을 비판하고, 그 기술이 매우 위험하고 비인간적이며 불필요하다고 주장한다. CRT는 이종 이식 대신에 현재의 장기 이식 체계의 개선과 제도적 보완, 사람들의 식습관 개선 등으로 이식용 장기의 수요와 공급 간에 균형을 맞추는 방법이 훨씬 더 현명한 방법이라고 주장한다.

6 생명 공학

샴쌍둥이가 불러온 도덕적 딜레마를 어떻게 해결할 수 있을까?

페루의 모체 문명 유물 가운데 몸이 붙은 두 사람의 형상을 닮은 도자기가 있다. 모체 문명은 페루의 문명 가운데 하나로 잉카 문명처럼 널리 알려져 있지는 않지만 페루 북부 해안선을 따라 형성된 문명이다. 모체 문명의 도자기의 모형처럼 사람들 중에서도 몸의 일부가 붙은 샴쌍둥이가 간혹 태어난다. 과거에 샴쌍둥이는 형제 혹은 자매와 몸이 붙은 채로 평생을 살아야 했다. 하지만 요즘은 몸의 어느 부분이 붙어 있느냐에 따라 수술을 해서 보통 사람들처럼 각자의 몸을 가지고 살아갈 수 있다.

2005년 1월에 영국에서 태어난 밀라(Milla)와 시나(Seena)는 척추가 붙은 채로 태어난 샴쌍둥이였다. 이 샴쌍둥이 자매는 세상에 태어나기까지 우여곡절이 있었다. 부모는 임신 중에 샴쌍둥이인 것을 알고 임신 중절 수술을 심각하게 고민했다고 한다. 하지만 분리 수술이 가능하다는 의료진을 믿고 출산을 결심했으며 제왕절개로 쌍둥이가 태어났다. 밀라와 시나는 생후 3개월이 되었을 때 분리 수술을 받았으며, 현재 둘 다 건강하게 자라고 있다고 한다.

조디와 메리에게 무슨 일이 일어났는가?

밀라와 시나는 샴쌍둥이로 어렵게 태어났지만 현대 의료 기술의 혜택을 받은 행운아들이었다. 밀라와 시나의 경우는 분리 수술을 하는 것이 어느 모로 보나 옳은 선택이었다. 분리 수술의 부작용에 대한 우려는 있었지만 충분히 피할 가능성이 있는 것이었다. 실제로도 부작용은 발생하지 않았다. 하지만 모든 샴쌍둥이들이 밀라와 시나처럼 운이 좋은 것은 아니다. 더욱이 심각한 갈등 상황을 야기하는 경우도 있다.

2000년 가을, 영국에서 보기 드문 논쟁이 일어났다. 논쟁은 맨체스터의 성메리 병원에서 하복부가 한데 붙은 쌍둥이가 태어난 데서 시작됐다. 쌍둥

이에게는 각각 조디와 메리라는 이름이 붙여졌다. 그런데 건강한 조디와 달리 메리는 건강에 심각한 문제가 있었다. 심장과 폐가 정상적으로 발달되지 않았던 것이다. 하지만 건강한 조디 덕분에 당장은 메리가 생명을 유지하는 데 문제가 없었다. 문제는 앞으로였다. 쌍둥이들의 몸이 커지고 신체에 더 많은 영양이 공급되어야 할 때 조디의 심장과 폐만으로 두 사람이 살아갈 수 있을지 의문이었다.

의료진은 현재 상태가 지속된다면 조디의 심폐 기능이 두 사람의 생명을 유지하는 데 한계가 있을 것이고, 그렇게 되면 조디와 메리 모두 생명을 유지하지 못할 것이라고 판단했다. 그래서 의료진은 조디와 메리의 분리 수술을 부모에게 권유했다. 하지만 부모는 의료진의 권유를 받아들일 수 없었다. 의료진의 말대로라면 조디와 메리를 분리 수술한 후에 메리의 생명이 위태로울 것이 분명했기 때문이었다.

조디와 메리의 부모는 분리 수술이 조디를 살리기 위해 메리를 죽이는 행위와 다를 바가 없다고 판단했다. 수술 후에 메리가 생명을 잃을 것이 분명한 상황에서 수술을 찬성할 수 없었다. 그들은 하늘의 뜻이라고 생각하고 조디와 메리가 몸이 붙은 채로 사는 데까지 살게 하는 것이 옳은 일이라고 생각했다.

하지만 의료진의 판단은 달랐다. 분리 수술을 하지 않고 그대로 둔다면 머지않아 조디와 메리 모두의 생명이 위태롭다는 의학적 소견이 분명한 상황이었기 때문이다. 분리 수술의 여부에 대한 일차적인 결정권은 부모에게 있었지만, 의료진 역시 의학적 결정에서는 필요한 역할을 해야 한다고 생각했다. 의료진은 분리 수술을 위해 법원에 수술 허가를 요청하는 방법을 선택했다. 이로 인해 조디와 메리의 사례가 언론을 통해 많은 사람들에게 알려지

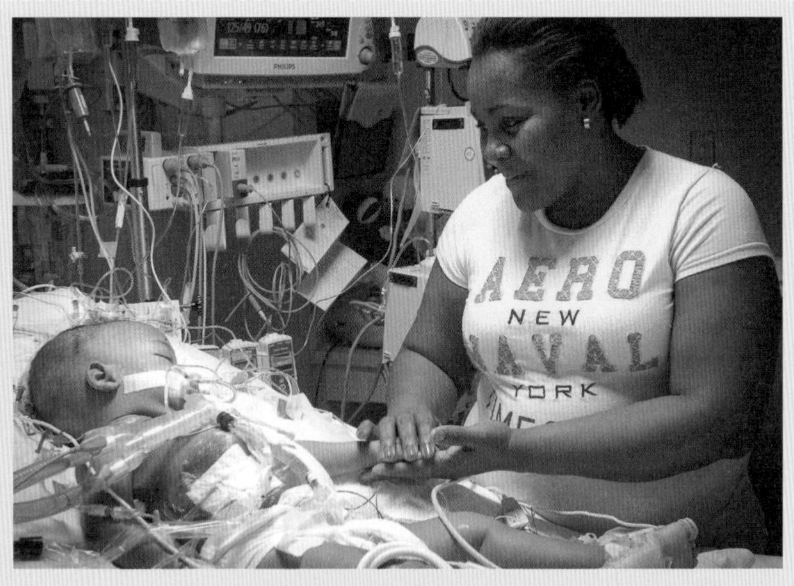

분리 수술을 받아 독립된 몸을 얻은 미국의 마리아

게 되었고, 찬성하는 사람들과 반대하는 사람들로 나뉘어 논쟁이 벌어졌다.

영국 법원은 의료진의 손을 들어주었다. 의료진은 법원의 허가를 받아 수술을 진행했으며, 조디와 메리는 서로 다른 운명의 길로 들어섰다. 조디는 독립적인 몸을 얻어 계속 건강한 삶을 살 수 있게 되었다. 메리 역시 조디에게서 독립해 자신만의 몸을 얻었지만, 의료진의 예상처럼 여러 가지 의료적 조치에도 불구하고 생명을 유지할 수 없었다.

쌍둥이는 왜 생기는가?

예전에는 쌍둥이가 그리 흔하지 않았는데, 최근에는 전보다 많은 쌍둥이가 태어난다고 한다. 시험과 시술의 증가도 그 원인 중에 하나일 것이다. '쌍둥이' 하면 떠오르는 것은 누가 형 혹은 언니이고, 누가 동생인지 잘 구별하기 어렵다는 것이다. 이런 쌍둥이는 일란성이다. 쌍둥이에는 일란성과 이란성이 있다. 사람은 유성 생식을 한다. 다시 말해, 남성과 여성, 두 성이 만나야 아이가 태어날 수 있다. 남성과 여성의 생식 세포가 만나 수정란이 만들어지는데, 이 수정란이 여성의 자궁 속에서 자라서 태아가 된다. 태아가 엄마의 자궁 속에서 40주 동안 자란 이후에 세상에 나오면 신생아라고 부른다.

수정란은 보통 한 개가 만들어진다. 그런데 간혹 두 개 이상이 만들어지기도 한다. 그 원인은 두 가지이다. 하나는 처음부터 두 개 이상의 수정란이 만들어지는 것이다. 각각의 수정란은 서로 다른 생식 세포들로부터 만들어진 것이다. 다시 말해, 두 개의 난자가 동시에 수정된 결과이다. 이렇게 만들어진 수정란은 서로 다른 유전자 구성을 갖는다. 이렇게 태어난 쌍둥이가 이란성 쌍둥이다. 이란성 쌍둥이는 성별이 다를 수 있고, 얼굴 모습도 물론 다르다. 쌍둥이가 아닌 보통의 형제자매 사이만큼 다르다.

일란성 쌍둥이는 처음에는 한 개 수정란이었다. 어떤 이유인지 분명히 밝혀지지는 않았는데, 남성 생식 세포 한 개와 여성 생식 세포 한 개가 만나서 만들어진 하나의 수정란이 포배기 단계에서 둘로 갈라져서 자연적으로 두 개의 수정란이 생기는 경우가 있다. 이렇게 되면 여성의 자궁 속에서 두 명의 태아가 자라게 된다. 물론 두 개의 수정란이 자란 것이므로 두 쌍둥이이고, 셋 이상의 쌍둥이도 생길 수 있다. 일란성 쌍둥이는 하나의 수정란이 둘로 분리되어 생긴 것이므로 유전적으로 완전히 일치한다. 이것이 바로 일란성 쌍둥이의 생김새나 외모가 구별하기 어려울 만큼 비슷한 이유이다.

샴쌍둥이는 일란성 쌍둥아가 생기는 과정에서 수정란이 완전히 분리되지 않았을 때 발생한다. 이렇게 되면 두 개로 갈라진 수정란이 일부 붙어 있는 상태의 태아로 자라게 되고, 태아의 몸도 일부분이 서로 붙은 채로 자란다. 그러므로 샴쌍둥이는 일란성 쌍둥이라고 할 수 있다.

샴쌍둥이라는 명칭은 1811년, 시암(태국의 옛 이름)에서 태어난 창과 엥의 나라 이름에서 유래했다. 옆구리 부분이 붙어서 태어난 창과 엥은 걷는 것은 물론이고 뛰거나 수영까지 할 수 있었다. 1829년에 미국에 건너가 쇼를 했으며, 많은 사람들이 이 형제의 쇼를 관람했다. 이 형제는 유명해져 유럽까지 다녀왔고, 1843년에 두 자매와 결혼해 21명의 자녀를 낳았으며 1874년까지 살았다.

도덕적 딜레마란 무엇인가?

조디와 메리의 사례는 어려운 문제를 발생시킨다. 분리 수술을 할 것인가 말 것인가는 우리가 일상생활에서 하게 되는 수많은 선택들과는 성질이 다르다. 밥을 먹을 것인지 빵을 먹을 것인지, 오늘 외출할 때 바지를 입을 것인지 치마를 입을 것인지, 유명 메이커의 신발을 살 것인지 좀 더 싼 이름 없는 메이커의 신발을 살 것인지, 심지어는 이 사람과 사귈 것인지 저 사람과 사귈 것인지 등은 모두 개인의 선택이고 이러한 사안은 어떤 선택을 하든지 큰 문제가 없어 보인다. 개인의 선호와 마음에 따라 정하면 되는 것이고, 그 결과는 선택한 사람의 몫이다.

하지만 조디와 메리의 분리 수술은 이와는 다른 것이 관련되어 있다. 이 경우는 두 개 이상의 도덕적 원칙이 충돌한다. 도덕적 원칙이란 우리가 행동할 때 따르는 행위의 규칙인데, 일반적으로 도덕적 원칙은 한 사회 내에서 개인의 행동을 일반적으로 규제한다. 그런데 두 개 이상의 도덕적 원칙이 충돌한다면, 우리는 어떤 원칙에 따라 행동하는 것이 옳을까? 이것이 바로 도덕적 딜레마의 상황이다. 조디와 메리의 분리 수술은 도덕적 딜레마 상황을 일으킨다.

고대 그리스 철학자 플라톤의《국가》에서 소크라테스는 케팔로스와의 대화에서 도덕적 딜레마에 처한 상황의 예를 아래와 같이 들었다.

내가 예전에 친구의 물건을 맡아 주면서, 친구가 내게 돌려달라고 요구하면 언제든 물건을 돌려주겠다고 약속했다. 어느 날 친구가 내게 와서 전에 맡겨 둔 물건을 돌려달라고 했다. 그 물건은 다름 아닌 칼이었다. 그런데 내가 보기에 친구가 몹시 흥분한 상태였으며, 누구를 죽여 버리겠다고 중얼거렸다.

이 이야기의 주인공은 도덕적 딜레마 상황에 처해 있다. 두 개 이상의 도덕적 원칙이 충돌해 이러지도 저러지도 못하는 어려운 처지에 있다. 친구와의 약속, 아니 누구와의 약속이라도 약속은 지켜야 한다는 것이 도덕적 원칙이다. 하지만 타인을 해쳐서는 안 된다는 것, 또 친구가 누군가를 해치도록 방치하지 않아야 한다는 것 또한 도덕적 원칙이다. 친구가 맡겨 놓은 물건을 돌려주지 않으면 약속을 어기는 것이 되고, 친구의 물건을 돌려주면 친구가 누군가를 해치게 내버려 두는 꼴이 된다. 이야기의 주인공은 이러지도 저러지도 못하는 상황에 처해 있다.

《성경》의 〈창세기〉 22장에 보면 아브라함의 이야기가 나온다. 하느님의 은총으로 100살에 아들 아식을 얻은 아브라함은 어느 날 하느님의 명령을 받는다. 모리아 땅의 산에 올라 아들을 자신에게 제물로 바치라는 것이었다. 이것은 하느님이 아브라함을 시험하기 위해 한 명령이다. 신앙심이 깊은 아브라함과 같은 사람에게 이 상황은 딜레마이다. 하느님의 명령에 절대 복종해야 한다는 종교적 원칙과 자식을 사랑하고 보살펴야 한다는 도덕적 원칙이 충돌하기 때문이다.

영국의 작가 서머셋 몸의 작품 《달과 6펜스》의 주인공 스트릭랜드가 가족을 떠나는 상황에서도 두 원칙이 충돌한다. 가장으로서 가족을 부양하고 생계를 책임져야 한다는 원칙과 자신의 꿈을 실현하고 재능을 한껏 발휘하도록 최선을 다해야 한다는 자기 계발의 원칙이 충돌한다.

도덕적 딜레마를 어떻게 해결할 것인가?

도덕적 딜레마는 우리의 행위를 규제하는 도덕적 원칙들 사이에 충돌이 일어나는 상황이다. 딜레마가 해결되지 않는다면 사람은 어떻게도 행동하기 어려워지며, 만일 어떤 행위를 선택한다면 그것은 합리적 선택이 아니라 결단이 될 것이다. 합리적으로 행동하기 위해서는 도덕적 딜레마 상황을 해결하는 방안이 있어야 한다. 다행히 도덕적 딜레마는 여러 가지 방식으로 해결할 수 있다.

한 가지 해결책은 도덕적 딜레마로 보이는 것이 겉으로만 그렇게 보이고 실제로는 딜레마가 아니라는 것을 보여 주는 것이다. 충돌하는 두 원칙들이 같은 수준의 것이 아닐 수도 있다. 하나의 원칙이 다른 원칙보다 우위에 있다면 도덕적 딜레마에서 벗어날 수 있다. 두 개의 원칙이 우열 없이 충돌하는 것이 분명한 경우에는 좀 더 좋은 결과를 낳을 것으로 기대되는 쪽을 선택하는 것이 한 방법일 수 있다. 또한 충돌하는 두 원칙을 화해시킬 수 있는 창의적 대안을 마련하는 것도 좋은 해결책이 될 수 있다.

《달과 6펜스》의 주인공 스트릭랜드가 처한 상황은 스트릭랜드 자신에게는 딜레마 상황일지라도 일반적으로는 도덕적 딜레마가 아닐 수 있다. 자신의 꿈을 실현하기 재능을 발휘하기 위해 최선을 다하라는 원칙과 가장으로서 가족을 부양하고 생계를 책임지기 위해 노력해야 한다는 원칙은 양립 불가능한 것이 아니다.

플라톤의 《국가》에서 소크라테스가 케팔로스와 이야기를 나누면서 든 사례의 도덕적 딜레마는 해결하기 어렵지 않다. 약속을 지켜야 한다는 원칙은 가장 중대한 도덕적 원칙 가운데 하나이지만, 친구와의 약속이 어떤 사람의 생명이나 친구의 인생을 보호하는 것보다 중요하지 않다. 그리고 이 사례에서 주인공의 약속은 친구의 이익에 기여하는 것이지만, 광적으로 흥분해 있는 상황의 친구에게 약속한 물건인 칼을 돌려주는 것은 친구의 이익에 위배되는 결과를 불러올 것이 분명하다. 그러므로 이 경우에는 도덕적 원칙의 우선순위를 결정하는 것이 어려운 문제는 아니다.

조디와 메리의 사례는 도덕적 딜레마인가?

조디와 메리의 부모는 왜 분리 수술을 반대했을까? 그런 선택을 뒷받침하는 도덕적 원칙은 무엇이었을까? 이들 쌍둥이의 부모는 분리 수술이 메리의 죽음을 의미한다고 믿었으며, 분리 수술은 곧 자식을 죽이는 행위라고 생각했다. 아무리 나머지 한 자식의 목숨을 살리는 일이라고 해도 다른 자식을 죽일 수는 없는 노릇이었다. 어떤 경우에도 인간의 생명은 소중하며, 무고한 생명을 희생시켜서는 안 된다는 것이 쌍둥이의 부모가 따르는 도덕적 원칙이었을 것이다.

의료진과 재판부는 왜 분리 수술을 허락했을까? 의료진은 조디와 메리를 그대로 내버려 두면 곧 둘 다 생명이 위태로운 상황에 처할 것이 분명하다고 판단했다. 그런데 분리 수술을 하면 조디는 확실히 살릴 수 있다고 판단했다. 의료진은 둘 다 죽게 내버려 두느냐, 아니면 한 사람이라도 살리느냐의 상황에서는 한 사람이라도 살려야 한다고 생각했다. 이런 생각의 바탕에는 생명을 구할 수 있는 상황에서 생명을 구하지 않는 것은 그르다는 도덕적 원칙이 깔려 있다. 이것은 의사의 의무이기도 하다.

재판부는 의료진의 논거를 받아들였지만 그와 다른 고려 또한 판결의 주요 근거가 되었다. 그것은 사실에 관한 것이다. 도덕적 딜레마를 해결함에 있어서 먼저 생각해야 할 것은 그것이 정말 딜레마인지 판단하는 것이다. 이런 판단에는 사실에 관한 정확한 이해가 필요하다.

솔로몬왕의 유명한 재판을 생각해 보자. 한 아기를 두고 두 여인이 서로 자신이 엄마이니 아기를 달라고 주장하는 상황은 진퇴양난의 어려운 상황처럼 보인다. 하지만 이것은 사실을 모르기 때문에 그런 것이다. 사실이 밝혀진다면, 다시 말해 누가 어머니인지 밝혀진다면 문제는 간단하게 해결된다. 이 문제에서 최선의 해결책은 도덕적 원칙들이나 그것들 사이의 우선순위를 따지는 것이 아니라 사실을 밝히는 것이다. 솔로몬왕이 낸 꾀는 누가 진짜 아기의 엄마인지 가릴 수 있는 방안이었다. 그것이 솔로몬왕의 지혜라고 불리는 묘책이다.

재판부는 쌍둥이의 분리 수술과 메리의 죽음과의 인과 관계가 분명한 사실에 해당하는 것이 아니라고 판단했다. 분리 수술 이후에 메리가 죽는 것은 분리 수술 때문이 아니며 그 아기의 나쁜 건강 상태 때문이라는 것이다.

오늘날 우리의 삶은 과학 기술을 토대로 하고 있다. 기술의 발전은 현대 문명을 가능케 하였으며, 그 속에 살고 있는 우리에게 많은 혜택을 가져다주고 있다. 하지만 다른 한편으로 과학 기술은 새로운 삶의 문제들도 불러온다. 그 가운데 심각한 것이 삶의 원칙들 사이의 갈등과 충돌이다. 이런 갈등과 충돌을 현명하게 해결해 나갈 때, 우리 삶에서 과학 기술의 혜택이 더욱 긍정적인 요소로 작용하게 될 것이다.

7 신경 과학

운동선수가 첨단 기술을 이용해 운동 능력을 향상시키는 것은 옳은가?

《이솝우화》의 〈토끼와 거북〉 이야기를 모르는 사람은 거의 없을 것이다. 이야기 속의 토끼는 모두 알다시피 매우 빨랐고 거북은 매우 느렸다. 어느 날 토끼가 거북을 보고 느림보라고 놀려 대자 거북은 토끼에게 달리기 경주를 제안했다. 경주는 시작되었고 누구나 예상할 수 있었던 것처럼 처음부터 토끼는 거북을 압도적으로 앞서 달렸다. 경주가 너무 시시했던지 한참을 앞서 있던 토끼가 잠시 쉬어 가기로 마음먹었다. 토끼는 쉬는 김에 아예 낮잠까지 자 버렸다. 한참을 자다 일어난 토끼는 거북이 벌써 도착점에 들어간 것을 보고 부끄러워 얼굴을 들지 못했다. 원래 이야기는 이렇게 전개된다.

하지만 좀 의심스러운 데가 있다. 아무리 토끼가 깜빡 잠이 들었다고 해도 언덕 위까지 거북이 어떻게 그렇게 빨리 도착할 수 있었을까? 오전에 경주를 시작해서 해가 떨어질 때 경주가 끝난 것이라면 가능한 일이지만 말이다. 토끼와 거북의 속도 차이는 말하지 않아도 다 알 것이다. 토끼 가운데 세상에서 가장 빠른 품종은 시속 72킬로미터의 속도로 달릴 수 있고, 보통은 시속 50킬로미터 정도의 속도로 달릴 수 있다. 반면에 거북은 바다에서는 시속 14~18미터 정도의 속도로 헤엄칠 수 있지만 땅위에서는 초속 10센티미터 정도로 기어간다. 시속으로 환산하면 한 시간에 360미터 정도 갈 수 있다는 것이다. 이런 토끼와 거북이 경주를 했다고 해 보자. 아무리 토끼가 낮잠을 잔다고 해도 거북이 토끼를 이길 수는 없을 것 같다.

기술적 수단을 이용해 경기에서 이기기

경주 거리가 길수록 토끼에게 더 유리하다. 토끼와 거북이 경주하기로 한 언덕 위까지의 거리가 한 1킬로미터 쯤 된다고 해 보자. 계산이 간단하도록, 토끼가 시속 60킬로미터로 달린다고 가정하자. 토끼는 출발선에서 도착점까지 1분밖에 걸리지 않는다. 거북은 약 3시간이 걸릴 것이다. 토끼가 반쯤

갔을 때, 즉 30초 달리고 나서 쉬었다면 거북이 토끼를 이기기 위해서는 토끼가 낮잠을 3시간 동안 자야 한다. 토끼는 잠꾸러기인가 보다. 달리기 경주를 하던 중에 잠시 눈을 붙이고도 3시간을 내리 잤으니 말이다. 물론 경주 거리가 더 길었다면 토끼가 3시간을 자도 거북이 경주에서 이길 수 없다.

만일 거북이 경주에서 이기려고 한다면 다른 방법을 써야 했을 것이다. 혹시, 자신의 보행 속도를 2배 이상으로 끌어올리는 신비의 물약 같은 것을 마신 것이 아닐까? 영리한 거북이니 토끼와의 달리기 경주에 자신감 있게 나선 것은 무슨 대책이 있어서 그런 것일지 모르겠다. 거북은 얼마 동안 근육을 강화해 주고 달리는 속도를 현저하게 높여 주는 신비의 물약을 알고 있었을지도 모른다. 그리고 토끼와의 경주를 위해 그것을 복용했는지도 모른다.

오늘날 아마추어 스포츠는 물론 프로 스포츠에서도 선수들이 먹어서는 안 되는 금지 약물들이 있다. 운동선수가 금지된 약물을 복용한 사실이 발각되면 메달을 박탈당하거나 기록이 취소되고 상금이 회수되는 조치가 취해진다. 1988년 서울 올림픽 100미터 육상 경기에서 9초 79라는 신기록을 세우면서 우승을 차지한 벤 존슨은 경기 사흘 뒤에 금지 약물을 복용한 사실이 발각되어 메달을 박탈당했다. 2004년 아테네 올림픽 100미터와 200미터 육상 경기에서 우승한 저스틴 게이틀린은 2년 뒤인 2006년에 금지 약물을 복용한 사실이 드러나면서 4년간 경기 출전 자격을 정지당했다.

최근에는 사이클 황제 랜스 암스트롱이 과거에 금지 약물을 복용한 사실이 드러나면서 전 세계 사이클 팬들이 충격에 휩싸였다. 암스트롱은 암을 이겨내고 재기하여 전대미문의 기록을 세워 스포츠 영웅으로 추앙받던 인물이었다. 암스트롱은 1993년과 1995년에 프랑스 일주 사이클 대회인 '투르 드 프랑스'에서 구간 우승을 차지하며 일류 사이클 선수로 인정받았다. 그

랜스 암스트롱

런데 1996년 갑자기 고환암 판정을 받아 선수 생명은 물론이고 목숨까지 위험한 지경에 이르렀다. 하지만 암스트롱은 암을 이겨냈을 뿐만 아니라 재기에도 성공했다. 그 후 암스트롱은 1999년부터 2005년까지 7년 연속으로 '투르 드 프랑스'에서 우승을 차지하는 전대미문의 기록을 세웠다. 그 업적으로 2002년부터 2005년까지 4년 연속으로 AP통신이 선정한 올해의 남자 스포츠 선수에 올랐다. 그런 암스트롱이 약물을 복용한 사실로 인해 1998년 이후에 받은 모든 상을 박탈당하고 스포츠계에서 영구 제명되었다.

프로야구와 프로농구에서도 약물 복용 사건은 쉼 없이 발생한다. 프로야구만 보더라도, 역대 최다 홈런을 기록한 배리 본즈, 역대 최다 사이영 상을 수상한 로저 클레멘스, 최초로 3년 연속 60개 이상의 홈런을 친 새미 소사 등 전설에 가까운 메이저리그 선수들이 모두 약물 복용 의혹을 받고 있다. 그 외에도 약물 복용 혐의가 의심되는 선수는 한둘이 아니다. 사정이 이 정도라면 운동선수들에게 약물 복용을 금지해야 할 이유가 있을까? 적어도 프로 스포츠 선수들에게는 약물 복용을 허용하는 것이 어떨까? 약물 복용은 분명히 경기력 향상에 기여하는 것처럼 보이니 말이다.

도핑과 도핑 테스트, 달아나는 자와 쫓는 자

스포츠에서 도핑이라고 하는 약물 복용의 역사는 기록에는 없어도 고대 아테네 혹은 그 이전까지 거슬러 올라갈 것이다. 경주에 나서는 선수, 혹은 싸움에 나서는 전사들이 경기력이나 전투력을 향상시키고 고통을 줄이기 위해 다양한 약물을 사용했던 것으로 보인다.

북유럽 신화에 등장하는 전사들은 정신이 나갈 수도 있는 위험을 무릅쓰고, 신체 능력을 향상시키기 위해 아마니타 무즈카리아(Amanita Muscaria)라는 버섯으로 만든 부토텐스(butotens)라는 혼합물을 마셨다고 한다. 아마니타 무즈카리아에는 대마처럼 환각 물질이 포함되어 있다. 또 19세기 영국의 오래 걷기 대회의 참가자들은 휴식 시간을 줄이고 잠에 빠져들지 않기 위해 아편을 사용했다는 기록이 있다. 이 당시 영국의 오래 걷기 대회는 800킬로미터 이상을 걸어야 했으며, 최소한의 휴식을 취하며 일주일 내내 걸어야 우승할 수 있었다.

현대 스포츠에서 약물이 처음 사용된 것은 경마에서였다. 처음에 경주마의 경기력을 끌어올리기 위해 흥분제가 사용되었는데, 나중에 스포츠계 전반으로 확산되어 선수들도 약물을 복용하게 되었다고 한다. 현대 스포츠에서는 선수가 신체 능력을 일시적으로 끌어 올려 좋은 성적을 낼 목적으로 심장 흥분제, 근육 증강제 따위의 약물을 사용하는 행위를 금지하고 약물 복용을 막기 위해 도핑 테스트를 실시하고 있다. 토핑 테스트는 1968년 그레노블 동계 올림픽 대회에서 처음으로 실시되었으며, 1978년에 국제 육상 경기연맹이 도핑 테스트에서 양성 반응이 나온 선수들을 상대로 제재 조치를 가하기 시작했다.

선수들이 경기력 향상을 위해 사용하는 금지 약물은 다양하다. 가장 빈번하게 사용하는 것은 스테로이드 계열의 약물이다. 이것은 남성 호르몬제의 일종으로 근육 강화제로 알려져 있다. 체력 증진 효과가 현저하고 지속 시간도 길다. 88올림픽 100미터 육상 경기의 우승자였던 벤 존슨이 사용한 약물이 바로 아나볼릭 스테로이드였다.

암페타민이나 에페드린 같은 흥분제나 자극제도 대표적인 금지 약물이다. 암페타민은 중추 신경계를 흥분시키고 기민성을 비롯하여 전반적인 신체 활동 능력을 증가시킨다. 에페드린은 아드레날린 작용성 화합물로 일종의 자극제이다. 코카인 같은 마약류도 경기력 향상에 사용된다.

금지 약물에 대한 검사가 강화되면서 혈액 도핑이라는 것도 등장했다. 혈액 도핑은 경기 시작 전에 자신이나 다른 사람의 피를 수혈함으로써 인위적으로 적혈구 수를 증가시키는 행위를 말한다. 적혈구 수가 증가하면 그만큼 많은 양의 산소를 운반할 수 있게 되고 그에 따라 지구력이 향상되는 효과가 나타난다. 혈액 도핑은 장거리 경주에 참여하는 운동선수들이 많이 사용하는 방법이다. 사이클 황제 랜스 암스트롱이 사용한 약물인 에리스로포이에틴(EPO: erythropoietin)은 빈혈 치료에 사용되던 약물로 적혈구 생성을 촉진시키는 작용을 한다.

조금이라도 좋은 성적을 얻기 위해 약물을 사용하는 운동선수와 약물 복용 사실을 밝혀내려는 도핑 테스트 단체의 싸움은 쫓고 쫓기는 숨바꼭질 경주처럼 보인다. 선수들은 도핑 테스트에 적발되지 않는 약물을 찾아내려고 애쓰고 검사 기관은 그것을 찾아내기 위해 노력한다. 최근 펩티드라고 불리는 새로운 약물이 관심을 끌고 있는데, 이 약물을 검사할 수 있는 실험실은 전 세계에 두 곳밖에 없다. 펩티드는 인체 내에 성장호르몬 양을 증가시키는 작용을 하는데, 체내에서 활성화되는 시간이 아주 짧아서 미리 알고 검사를 실시하지 않는 이상 발견하기 어렵다고 한다.

도핑은 약물로만 이루어지는 것이 아니다. 온갖 수영 대회에서 기록을 휩쓴 선수가 입었던 전신 수영복이 공식적인 경기에서 퇴출된 사건이 있었다. 그 전신 수영복은 나노 기술을 이용하여 물의 저항을 최소화한 수영복으로, 입는 것만으로도 남보다 유리한 위치에서 경기를 할 수 있다. 약물을 사용한 것과 다를 바가 없는 수영복이었다. 세계 반(反)도핑 기구는 전신 수영복처럼 경기력 향상에 직접적으로 영향을 주는 기술의 사용을 금지하고 있다. 이런 기술을 이용하는 행위를 '기술 도핑'이라고 부른다.

누구나 사용할 수 있게 하면 안 되나?

스포츠에서 약물 사용을 금지하는 중요한 이유 가운데 하나는 공정성에 위배되기 때문이다. 다른 선수와 경쟁하여 기록을 다투는 경기에서 공정성은 매우 중요하다. 그런데 공정성이 문제라면, 약물의 사용을 금지하지 않고 원하는 선수는 누구나 약물을 사용할 수 있게 하면 되지 않을까?

사실, 스포츠에서 경기력에 영향을 주는 모든 약물을 금지할 수 있는 것은 아니다. 우리나라 선수들은 체력 보강에 효과가 좋다는 보약을 복용하고 있는데, 그것이 경기력에 도움을 주지 않는다고 말하기는 어렵다. 적어도 체력을 증진시켜 주지 않는가? 통증을 견뎌 내는 것 또한 경기에서 중요한 영향을 미칠 수 있지만 진통제는 합법적으로 사용하고 있다. 물론 금지 약물은 보약이나 보통의 진통제와는 효과의 직접성 측면에서 정도 차이가 있다고 답변할 수도 있다. 하지만 바로 그 정도의 문제가 문제의 핵심이라고 주장할 수도 있다. 또한 아무리 검사를 철저히 한다고 해도 약물 복용 여부를 검사를 통해 모두 밝혀낼 수 있는 것도 아니다. 그래서 약물 복용 검사에서 양성 판정을 받은 선수들은 언제나 억울함을 호소한다. '나만 그 약물을 사용한 것이 아닌데 왜 나만 양성 판정을 받은 걸까?'라는 생각을 떨쳐 버릴 수 없기 때문이다. 이런 상황이라면 운동선수에게 약물 복용을 금지할 것이 아니라 약물 사용을 전면적으로 허용하는 것이 더 공정할지도 모른다.

법으로 금지되어 있는 향정신성 의약품을 제외하고 경기력 향상에 도움이 되는 약물을 운동선수들에게 마음대로 복용할 수 있도록 허용한다면, 선수들의 경기력이 향상될 것이다. 운동선수들의 경기력 향상은 운동 경기의 수준을 높이는 데 기여할 것이고, 이는 경기를 관람하는 관객들에게도 좋은 일이 될 것이다.

또한 모든 운동선수에게 경기력 향상에 도움을 주는 약물을 복용하는 것을 보편적으로 허용한다면, 약물을 복용한 선수를 찾아내기 위해 번거롭고 어려운 절차를 밟을 필요도 없다. 또 운동선수들도 도핑 테스트에서 양성 반응이 나오지 않게 음식이나 약을 가려 먹을 필요도 없고, 혹시 자신만 억울한 일을 당하지 않을까 걱정할 필요도 없다. 당연히 도핑 테스트에 쓰이는 비용도 절감될 것이다.

운동선수들은 남보다 뛰어난 기량을 보유하기 위해 힘들고 고된 훈련을 참고 견뎌 낸다. 하지만 타고난 재능이라는 것도 무시할 수 없는 일이다. 타고난 것이 더 많은 훌륭한 선수라면 같은 시간과 노력을 투자했을 때 평범한 선수보다 더 나은 기량을 보유하게 될 것이 자명하다. 거꾸로 타고난 재능이 뛰어난 선수는 평범한 선수들보다 적은 시간과 노력을 투자했더라도 더 나은 기량을 보유하게 될 수 있다.

사정이 이러하다면, 타고난 재능이라는 것이 불공정의 원천이 아닐까? 오히려 능력 향상 약물이 자연의 교활한 불공정에 대한 개선책이 될 수 있을 것이라고 주장할 수도 있다. 능력 향상 약물로 인해 선수들 간에 자연이 준 불공정한 차별이 극복된다면, 이제 가장 애써서 노력하고 더 많은 시간을 들여 고된 훈련을 이겨 낸 선수가 승리의 기쁨을 누리게 되는 합리적인 결말이 예상될 것이다.

스포츠에서 약물 사용을 금지시켜야 하는 이유들

하지만 스포츠에는 규칙이 있다. 경기 규칙은 스포츠의 핵심 요소이다. 특히 경쟁 방식의 스포츠에서 경기 규칙은 선수들이 공평하게 경쟁할 수 있게 하고 경기가 공정하게 진행되도록 만든다. 신체 능력 증진 약물이나 혁신 기술 제품을 모든 선수들이 사용하도록 허용한다면 오히려 공평하지 않게 될 가능성이 있다. 약물이나 혁신 기술을 통해 이득을 얻을 수 있는 선수들과 그렇지 못한 선수들이 생길 것이기 때문이다. 국제 수영 연맹이 전신 수영복의 사용을 금지한 것은 바로 이런 이유에서였다.

혁신적인 기술과 능력 증진 약물의 사용이 선수들에게 불공평을 불러일으키지 않도록 하려면 개개인이 자유롭게 이용하는 것을 허용하는 데 그치지 않고, 경기 단체 등 스포츠 경기를 주관하는 기관에서 선수들에게 기술과 약물을 공평하게 제공해 줘야 한다. 마치 고대 로마의 검투사 경기에 나서는 두 검투사에게 동일한 무기를 보여 주고 그중에서 각자 원하는 무기를 고를 수 있게 했던 것처럼 말이다.

그리고 혁신 기술 제품과 약물은 경기 직전이 아니라 훈련 기간에 제공되어야 한다. 경기 직전에 선수들에게 제공해서는 공정하다고 말하기 어려울 것이다. 선수가 혁신 기술의 제품을 몸에 익히는 과정이 필요하며, 선수의 몸에 맞게 약물을 활용하는 방식이 다양할 수 있기 때문이다.

그런데 만약 이렇게 한다면, 우리가 운동선수를 어떤 존재로 보고 있는 것인지에 대한 의문이 든다. 좋은 경기력을 감상하기 위해 운동선수를 사육하고 있다고 느껴지지 않은가? 운동선수들이 그런 사육 과정에 자유롭게 참여한 것이라고 할지라도 그런 느낌이 별로 줄어들지 않을 것이다. 도대체 스포츠가 무엇일까?

스포츠는 타고난 재능을 훈련을 통해 갈고 닦아 완성시키는 것을 목표로 한다. 누군가 타고난 재능이 오히려 불공평한 요소라고 비판한다면, 그는 스포츠의 목적을 '경쟁에서 승리하는 것'으로 잘못 이해한 것이다. 스포츠의 목적에 대한 이와 같은 잘못된 이해는 최근 미국의 한 스포츠 잡지가 국가대표 육상선수들을 대상으로 실시한 설문조사의 결과에 그대로 나타났다. '이 약을 복용하면 확실히 금메달을 딸 수 있다. 대신 부작용으로 7년 뒤에 사망할 수 있다. 그래도 이 약을 복용할 것인가?'라는 물음에 80퍼센트의 선수들이 '복용하겠다'라고 응답했다고 한다.

금지 약물에 대한 엄격한 규제가 필요한 또 한 가지 이유는 바로 선수의 건강을 심각하게 위협하며 심하면 치명적일 수 있다는 것이다. 금지 약물을 복용한 선수가 나중에 심한 신체적 손상을 입거나 심지어 사망하는 사례가 계속 늘고 있다. 《이솝우화》에는 풀밭에 있는 황소의 큰

덩치가 부러웠던 한 개구리가
자기 몸을 황소만큼 크게 만들려고 계속
몸을 부풀리다가 결국에는 몸이 터져 죽었다는 이
야기가 있다. 승리에 대한 욕심과 그에 따라오는 돈과 명
예의 유혹을 이기지 못한 많은 운동선수들이 자기 자신을 파
괴하는 줄도 모르면서 약물에 노출되는 것을 막을 필요가 있다.

스포츠의 목적은 경쟁보다는 자기완성(self-perfection)에 있지 않을까? 국제스포츠연맹총연합은 국제 경기 단체들로 구성된 것이기 때문에 스포츠를 경쟁이 있는 것으로 국한해서 이해했다. 하지만 경쟁이 없는 스포츠도 있다. 경쟁 요소를 스포츠에서 필수적인 것으로 보는 것에 관한 여부는 논란거리이다.

하지만 시선을 약간 바꾸면 이 문제는 어렵지 않게 해결된다. 선수가 아닌 사람은 스포츠에서 주체일 수 없는가? 스포츠는 선수만 참여하고 향유할 수 있는 것인가? 선수가 아닌 대부분의 사람은 스포츠에서 단지 관객일 뿐인가? 이 물음들에 답을 하다 보면 스포츠를 경쟁으로 국한해 이해하려는 관점이 스포츠의 상업화 논란과 연결되어 있다는 것을 어렵지 않게 발견할 수 있다.

스포츠가 무엇인가? 이 물음에 대해 일치된 하나의 답을 찾기는 쉽지 않아 보인다. 스포츠를 바라보는 사람들의 이해관계가 다르기 때문이다. 하지만 약간 달리 접근해서, 스포츠맨 정신이 무엇인지를 생각해 보면 어느 정도 일치된 견해에 도달할 수 있을 듯하다. 스포츠맨 정신을 이해하면 스포츠가 목적하는 바가 무엇인지 짐작할 수 있으며, 그를 토대로 스포츠가 무엇인지 파악할 수 있을 것이다.

사람들이 스포츠맨 정신으로 이야기하는 덕목들을 열거해 보자. 인내심, 안정성, 공정성, 자제력, 용기, 끈기, 불굴의 의지 등은 우리가 바람직한 덕 혹은 미덕이라고 부르는 것들이다. 이런 덕목들을 스포츠맨 정신이라고 부르는 이유는 스포츠를 통해 이런 덕목을 함양하는 것이 가능하고 또 스포츠는 이런 덕목들의 함양을 목표로 하기 때문이다. 스포츠를 통해 우리는 권위에 대한 존경심을 배우고, 대인관계의 개념을 이해하며, 타인과 협력하고, 때와 장소에 따라 적절한 방식으로 행동하는 성숙한 태도를 기를 수 있을 것이라고 기대한다.

이런 점들을 살펴보면 스포츠가 무엇이며 무엇을 목표로 하는지에 대해 어느 정도 이해할 수 있다. 스포츠는 개인의 인격적 성숙과 사회화를 돕는 수단이다. 스포츠는 개인적 삶과 사회생활의 기본 요소인 규칙에 대한 이해, 규칙 따르기와 규칙 위반에 따른 보상과 벌칙, 경쟁과 수용, 타인에 대한 이해와 배려, 고난과 장애에 대한 극복 의지와 용기, 욕구와 경향성에 대한 자기 통제 등을 기르는 것을 목표로 한다.

사람들이 탁월한 기량과 성품을 갖춘 운동선수에게 존경을 표시하는 이유를 살펴보면 스포츠에 대한 이런 이해가 틀리지 않다는 것을 알 수 있다. 그 이유는 대략 네 가지 정도이다. 첫째, 도달하기 어려운 목표에 도달한 것에 대해 존경을 표시한다. 사람들은 그 정도의 탁월한 기량을 성취하는 것이 얼마나 어려운 일인지 알고 있다. 둘째, 그런 기량의 희귀성 때문에 존경을 표시한다. 그런 수준의 기량을 갖춘 선수가 얼마나 드문지 사람들은 알고 있다. 셋째, 헌신적인 노력에 대해 사람들은 존경심을 표현한다. 뛰어난 운동선수가 최고의 기량을 얻기까지는 보통 사람이 감당하기 어려운 헌신적 노력과 희생, 인내의 시간이 있었을 것이라는 점을 사람들은 알고 있다. 인내심, 끈기, 용기, 투지, 강한 의지 등 사람들 사이에서 미덕이라고 여겨지는 것들이 뛰어난 운동선수의 성취에 연관되어 있을 것이라고 사람들은 가정한다. 넷째, 어떤 운동선수의 성취는 오로지 바로 그 운동선수만의 것이라는 점 때문에 존경을 표시한다. 그 성취는 다른 어느 누구의 것도 아닌, 성취한 자 바로 그 자신만의 것이며, 오로지 선수 자신의 노력의 결과라는 점이다. 그렇기 때문에 우리는 바로 그 운동선수를 존경하는 것이다.

정리하면, 탁월한 기량을 가진 운동선수는 헌신적인 노력과 불굴의 의지로 훈련의 고통과 어려움을 극복하며 오랜 시간에 걸쳐 자신을 완성시킴으로써, 남들이 도달하기 어려운 목표에 도달한 희귀한 성공적 사례라는 점에서 사람들의 존경을 한 몸에 받는 것이다.

이러하기 때문에 탁월한 기량을 지닌 운동선수가 약물에 의한 도움을 받았다는 사실이 밝혀지게 되면, 이 네 가지 가정은 모두 거짓임이 판명되고, 그의 기량은 더 이상 감탄의 대상이 아니며 그는 존경할 만한 인물이 아니게 된다. 스포츠에서 경기력을 향상시키기 위해 능력 증진 약물 등을 허용하는 것이 올바르지 않은 이유는 그것이 스포츠의 본질을 손상시키고 스포츠 정신을 왜곡하기 때문이다.

경기력을 향상시키는 약물을 무제한 허용할 때, 스포츠에서도 군비 경쟁과 유사한 일이 벌어질 가능성이 크다. 이를테면, 모든 선수들이 다른 선수들에 뒤처지지 않기 위해 군비 증강(경기력 향상)에 매진하게 될 것이다. 수단과 방법을 가리지 않고 말이다. 약물의 과다 복용과 오용은 불을 보듯 뻔

하다. 이런 선수들 가운데 성공하는 선수들이 나타날 것이고, 일반 대중들도 스타 선수를 따라 약물에 손을 댈 가능성이 커질 것이다.

미래의 스포츠는 어떤 모습일까?

스포츠를 전문적인 운동선수와 관객의 구도로 이해하려는 사람들이 있다. 이들은 스포츠를 상업적 관점으로만 이해한다. 이런 관점은 모든 사람은 누구나 인격적 존재로 대우받아야 하며, 또한 모든 사람을 인격적 존재로 대우해야 한다는 명제를 무시한다. 상업적이고 오락적인 관점에서만 스포츠를 바라보게 되면 운동선수를 돈벌이 수단이나 대중에게 큰 재미를 주는 수단 이상으로 하나의 인격체로서 대우하지 못할 가능성이 크다.

많은 사람들은 오늘날의 스포츠는 관객을 위한 것이라고 생각한다. 틀린 말은 아니다. 관객이 없으면 스포츠도 없다. 그러므로 운동선수는 관객의 즐거움을 위해 경기력을 극대화할 필요가 있으며, 극도의 경기력을 보여 주는 운동선수는 그에 상응하는 보상, 특히 금전적 보상을 받아 마땅하다는 견해는 어느 정도 그럴 듯해 보인다. 하지만 스포츠가 정말 관객만을 위한 것일까? 이렇게 이해한다면 운동선수를 과거에 귀족의 즐거움을 위해 애쓰던 광대들이나 시민의 쾌락과 주인의 명예를 위해 목숨을 걸었던 검투사와 다를 바 없는 것으로 보게 되지 않을까? 과거의 광대들은 천민이었으며 검투사는 노예였다. 이들에게 인격이 있을 리가 만무하다.

오늘날 스포츠의 상업화는 윤리적으로 심각한 문제를 불러온다. 현대 스포츠에서 항상 문젯거리로 지목되고 있는 광적인 스포츠 팬들의 그릇된 문화는 이런 문제를 여실히 보여 준다. 자신이 응원하는 팀의 상대팀과 그 팀 선수들에 대한 인신공격과 폭력적 행위, 자신이 싫어하는 선수에 대한 집요하고, 때로 악랄한 험담은 그런 사람들이 운동선수를 인격적 존재로 생각하고 있는지에 대해 의문을 품게 만든다.

스포츠를 단순히 오락으로 규정하고 관객과 선수의 이분법을 고수하고 싶다면, 예전에 TV에서 방영된 애니메이션 〈로봇축구〉에 나온 것처럼 사람이 아닌 로봇으로 운동선수를 대체하는 방식은 어떨까? 인격적 존재가 아닌 로봇이 전문 운동선수로 등장하기 때문에 기술적으로 가능하다면 경기력을 극단적으로 끌어올릴 수 있을 것이다. 경기력을 끌어올리기 위해 로봇에게 가하는 기술적 조치들은 윤리적 문제를 불러오지 않을 것이다.

아마 먼 미래에는 스포츠가 단지 오락으로 취급되고, 로봇이 운동선수가 되어 놀라운 경기력을 관객들에게 보여 주는 일이 실현될지 모르겠다. 혹은 진보된 인공 지능에 기초한 가상현실 시스템 같은 것이 운동선수와 관객의 구분을 없애고 모두가 운동선수와 같은 놀라운 경기력을 가지며 게임에 몰입하는 환경을 제공해 줄 수 있을지도 모른다.

8 신경 과학

똑똑해지는 약을 먹는 것은 옳지 않은가?

고대 그리스 신화에 등장하는 신 가운데 므네모시네(Mnemosyne)라는 여신이 있다. 거신족인 티탄의 여신 므네모시네는 기록과 기억을 상징하는 신이다. 제우스는 크로노스를 물리치고 티탄과의 싸움에서 이긴 후에 올림포스의 평화를 되찾았지만 한 가지 아쉬운 것이 있었다. 세상에서 일어나는 일들을 기억하고 기록으로 남길 이가 없었던 것이다. 제우스는 므네모시네를 찾아가 고민을 털어놓고 아홉 날 밤을 같이 지냈다. 그러고 나서 므네모시네는 아홉 명의 뮤즈를 낳았다. 아홉 명의 뮤즈는 문학, 역사, 예술 등 인간 세상에서 일어나는 일들을 기록하고 기억하는 일을 맡게 되었다. 아홉 명의 뮤즈를 소개하면 다음과 같다.

맏딸 클레이오는 역사를 담당했는데, 파피루스 같은 두루마리를 들고 있는 것으로 묘사된다. 둘째 딸 우라니아는 천문을 담당해 지구의나 나침반을 들고 있다. 셋째 딸 멜포메네는 비극을 담당해 슬픈 가면과 몽둥이를 들고 있는 모습으로 묘사된다. 넷째 딸 탈레이아는 희극을 담당해 웃는 가면과 목동의 지팡이를 들고 있다. 다섯째 딸 테르프시코라는 무용과 합창을 담당해 현악기의 일종인 리라를 들고 있다. 여섯째 딸 폴리힘니아는 신을 찬미하는 찬가를 작곡했고 주로 머리에 베일을 쓰고 있다. 일곱째 딸 에라토는 서정시를 담당했고 키타라를 상징물로 들고 있다. 여덟째 딸 에우테르페는 유행가를 담당했고 아울로스라는 목관 악기를 들고 있다. 막내인 칼리오페는 서사시를 담당했고 글씨를 쓸 수 있는 목판을 들고 있다.

똑똑해지는 약이 있다면?

기억상실증 또는 건망증을 영어로 'amnesia'라고 하는데, 므네모시네 여신에서 유래한 'mnesia'에 부정을 뜻하는 접두사 'a–'가 더해진 것이다. 기억상실증은 마음탓이거나 혹은 기질적 원인으로 과거의 기억을 상실하는 증상을 가리킨다. 건망증은 오래 지나지 않은 일도 쉽게 잊어버리는 증상이나 부분적으로 기억 장애가 생기는 증상 등을 말한다. 기억상실증은 뇌진탕 등 심한 뇌 손상이나 약물 중독 등에 의해서도 발생할 수 있는데, 정도가 약한 건망증은 스트레스나 노화로도 찾아온다.

사람의 뇌는 놀라운 능력을 지니고 있다. 사람 뇌의 기억 용량이 얼마인지를 묻는 질문에 심리학자들은 2.5페타바이트라는 답을 내놓기도 했다. 페타바이트는 대략 기가바이트의 100만 배, 테라바이트의 1천 배 용량인데, 참고로 미국 국회 도서관의 모든 인쇄물을 다 합해도 10테라바이트 정도밖에 되지 않을 것이라고 한다.

우리는 TV나 책을 통해 계산기를 두드리는 것보다 빠른 계산 능력을 보유한 사람을 본 적이 있다. 큐브를 놀라운 속도로 맞추는 사람도 있다. 속독에 능통한 사람은 몇 백 쪽이나 되는 두꺼운 책을 몇 분만에 다 읽는다. 음악 소리만 듣고도 그것을 음계로 그릴 수 있는 사람도 있다. 이 모든 일들을 우리의 뇌는 할 수 있다. 하지만 보통 사람들은 이런 능력들 가운데 어느 하나도 제대로 발휘하지 못한다. 이러한 능력은 타고난 것이거나 오랜 기간의 수련을 통해 얻는 것이다.

뛰어난 능력을 기르는 것도 중요하지만 현재 가지고 있는 능력을 유지하기 위한 노력도 필요하다. 사람은 나이가 들수록 두뇌 능력이 감퇴한다. 기억력이 떨어지고, 집중력이 저하되며, 정보 처리 속도가 늦춰진다. 더욱이 만성질환, 알코올, 두부 손상 등은 노화에 관계없이 두뇌 능력을 떨어뜨리고 노화를 가속시킬 가능성이 크다. 지속적인 두뇌의 단련과 효과적인 보호, 충분한 영양 공급이 두뇌의 능력을 잘 발휘할 수 있게 만드는 길이다.

그런데 우리 두뇌의 능력을 좀 더 손쉽게 향상시킬 수 있고, 손상된 능력도 어렵지 않게 회복할 수 있는 방법이 있다면 어떨까? 최근에 똑똑해지는 약(smart drug)이라는 것이 주목을 받고 있다. 과거에는 치매, 집중력 장애, 발작성 수면 등의 치료제로 쓰였던 약물들인데, 신경 약리학의 발달로 오늘날은 정상인이 자신이 가진 것 이상의 능력을 발휘하게 하는 데도 쓰인다고 한다.

이를테면, 기억력, 집중력, 기획 능력 등을 향상시켜 주는 약물이 있는데, 커피보다 덜 해롭다면 어떨까? 미국의 대학생들을 대상으로 실시한 조사에 따르면, 미국 대학생의 약 25% 정도가 기억력 증진과 집중력 향상을 위해 똑똑해지는 약을 사용하고 있다고 한다. 인체에 해로운 것이 아니라면 약을 먹고 똑똑해지는 것은 좋은 일이 아닐까? 똑똑해지는 약을 금지하거나 제한할 이유가 있을까?

똑똑해지는 약에는 어떤 것들이 있나?

사람들은 예전부터 두뇌 능력을 향상시키기 위해 열심히 공부하고 수련하는 것 이외에도 여러 가지 방법을 모색해 왔다. 주어진 능력을 좀 더 효과적으로 사용하여 효율을 최대화할 수 있는 방법을 모색하기도 하고, 두뇌의 작동을 좀 더 원활하게 하는 음식이나 약초를 연구하기도 했다. 커피나 홍차에 다량 함유되어 있는 카페인이나 담배에 포함되어 있는 니코틴도 이런 기능을 하는 약물의 일종이다.

동양 의학에는 기억력 증진과 학습 능력 향상에 도움이 된다고 항간에 소문이 떠도는 총명탕이라는 것이 있다. 총명탕은 원래 기억력 감퇴와 건망증 치료에 사용하는 처방이었다고 한다. 중국 명나라 때 의관이었던 공정현이 처음 생각해 냈으며 《종행선방》(1581)에 수록되어 있다. 《동의보감》(1610)이나 《의부전록》(1723) 같은 옛 의서에도 기록되어 있다.

똑똑한 약의 출현은 최근 뇌 영상 기술의 발달로 더 많이 알게 된 뇌의 정보를 제약과 약물의 전달 체계에 응용한 약리학의 발전 덕분이다. 과거에 특정한 증상이 있는 환자에게만 효험이 있던 약물들이 정상인들에게도 효과를 얻고 있다. 대표적인 것으로 주의력결핍 과잉행동장애(ADHD) 치료제로 개발된 '리탈린'과 '아데롤'이 있다.

과거에는 버릇없는 아이 혹은 나쁜 아이의 행동 정도로 이해되었지만 최근에는 그런 행동을 보이는 아이들의 숫자가 증가하고 증상도 심한 경우가 있어 일종의 신경학적 기능장애로 취급되는 것이 주의력결핍 과잉행동장애이다. 주의력결핍 과잉행동장애를 가진 아이는 학교에서든 집에서든 과도하게 파괴적인 행동을 하는 특징이 있다. 충동을 제어하고 주의력을 조절하는 뇌의 영역에 이상이 있는 것으로 추측된다. 주의력결핍 과잉행동장애는 생각보다 다양한 원인에서 비롯된다.

주의력은 일차적으로 도파민과 노르에피네프린에 의해 조절된다. 메틸페니데이트(리탈린)와 암페타민(아데롤)이라는 물질은 이 두 호르몬에 모두 영향을 미쳐서 주의력결핍 과잉행동장애 치료에 효과가 있다. 그런데 이 약물을 정상인이 사용하면 집중력이 향상되어 문제 해결이나 기획 등 고등 인지기능이 향상되는 효과가 나타나는 것으로 알려져 있다. 미국 대학생의 25% 정도가 리탈린과 아데롤을 복용하고 있다는 조사 결과도 있다.

'모다피닐'이라는 약물은 발작성 수면이라고 부르는 수면 장애의 치료제로 개발되어 1998년에 미국에서 판매 승인을 받았다. 이러한 수면 장애는 중추 신경계가 24시간 주기 리듬의 수면-각성 주기를 제대로 조절하지 못함으로써 발생한다. 모다피닐을 투약하면 교대 근무자들이 낮 시간에 졸거나 자는 일이 줄어들고 졸음운전도 방지할 수 있다는 연구 결과가 있다. 모다피닐은 각성도를 증진시키는데, 수면 장애를 앓고 있지 않은 정상인이 사용해도 이런 효과가 나타난다. 미국에서 전투기 조종사나 민간 항공기 조종사를 상대로 모다피닐을 시험한 적이 있으며, 이 약을 복용한 조종사들은 졸거나 자는 일이 없었고, 오랜 비행에도 불구하고 정신 활동에 아무런 문제가 없었다고 한다. 미국의 경우 전문직 종사자들 가운데 밤샘 작업을 하기 위해 모다피닐을 복용하는 사람들도 있다고 한다. 이 밖에도 인지 능력이나 자율 신경 기능을 조절하기 위해 사용할 수 있는 약물들이 다수 있다.

똑똑해지는 약, 정말 먹어도 괜찮을까?

앞으로 사람의 두뇌에 대한 지식은 더욱 쌓여갈 것이고 현재의 똑똑해지는 약보다 더 좋은 약들이 등장할 것이다. 아마 똑똑해지는 약물의 효과를 알게 된 일반 대중의 다양한 요구가 생겨날지도 모른다. 그런데 이런 약물을 사용해도 괜찮을까? 가장 먼저 드는 의구심은 똑똑해지는 약의 안전성에 관한 것이다.

연구자들은 다양한 실험을 통해 앞에 언급한 리탈린, 아데롤, 모다피닐 같은 약물이 충분히 안전하다고 밝혔다. 물론 부작용의 위험이 없다고 할 수는 없겠지만 우리가 약국에서 구입하는 모든 약에는 부작용에 대한 주의와 경고가 있다. 따지고 보면 부작용이 없는, 다시 말해 모든 사람에게 안전한 약은 없다는 것이다. 우리가 안전하다고 여기고 약국에서 구입할 수 있는 약물들은 대부분 거의 모든 사람들에게 안전하지만, 극소수의 사람들에게는 해로울 수 있다. 연구자들은 똑똑해지는 약이라고 지칭되는 약물들의 부작용이 우리가 일반적으로 약국에서 구입하는 약물들의 부작용보다 심하지 않다고 주장한다.

똑똑해지는 약이 안전하다면 사용하지 않을 이유가 있을까? 더 짧은 시간에 동일한 학습 효과를 내고, 같은 시간 동안 더 많은 학습량을 소화할 수 있게 만드는 약을 사용하지 않을 이유가 무엇인가? 더 짧은 시간을 일하게 함으로써 여가 시간을 늘리고, 더 많이 생산하게 함으로써 개인적이든 사회적이든 풍요를 증진시킬 수 있는 약물이 있다면 그것을 사용하지 않을 이유가 무엇이겠는가? 약간의 부작용이 있다는 이유 말고는 없어 보인다.

똑똑해지는 약이 안전하다는 주장에 여전히 의구심을 품는 사람들이 있다. 지금까지 검토된 위험 요소 외에 장기간에 걸쳐 나타날 위험도 있지 않을까 하는 것이다. 아직 보고되지는 않았지만 현재의 과학 지식을 바탕으로 추측해 볼 때 충분히 고려해야 할 만한 잠재적 위험도 있을 것이다. 예컨대 수면을 조절하는 모다피닐의 경우, 수면이 우리 뇌의 가소성을 유지하는 데 있어서 중요한 역할을 담당한다는 점에서 모다피닐의 장기 복용은 환경의 변화에 적응하거나 손상에 대한 신체의 조절 반응을 수행하는 뇌 기능에 장애를 불러올 가능성이 있다고 추측된다.

모든 약물에는 부작용이 있다. 그런데 사람들은 치료 목적의 약물보다 똑똑해지는 약 같은 기능 향상 목적의 약물의 부작용에 대해 더 민감하게 반응한다. 하지만 생각해 보자. 전통적으로 우리 사회에서는 자기 향상을 위한 개인의 노력을 높이 평가해 왔다. 안전한 수단을 통해 자기 향상을 꾀하는 것이 가장 좋지만 자기 개발과 능력 향상을 위해 늘 안전한 길을 찾을 수만은 없다. 때로는 모험적인 방법을 사용하기도 해야 하고, 사회는 그런 행동에 대해 비난하지 않았다. 오히려 좋은 성과가 있는 경우에는 위험을 감수한 행위를 높이 평가하기도 했다.

이런 맥락에서 본다면, 똑똑해지는 약물이 설령 개인에게 위험을 불러올 수 있다고 해도, 이것을 통해 개인의 능력 향상을 꾀한다면 비난할 일이 아니지 않을까? 똑똑해지는 약물이 정말로 효과가 있다면 개인의 선택에 따라 작은 위험을 감수하는 것을 비난하거나 막을 이유가 없지 않을까?

똑똑해지지만 자유로울 수 없는 약

똑똑해지는 약을 부정적으로 보는 이유 가운데 하나는 이 약이 정말 해롭지 않고 효과가 좋다고 하더라도 이 약의 혜택을 누릴 수 있는 사람들이 제한적이라고 생각하는 데 있다. 이렇게 생각하는 이들은 똑똑해지는 약으로 인해 가진 사람들이 더 많이 가지게 되고, 가지지 못한 사람들이 가진 사람을 따라가기 더욱 어렵게 되는 상황을 우려한다.

그러면 똑똑해지는 약이 오늘날 아스피린처럼 누구나 구입할 수 있는 가격으로 공급되거나 국가나 사회 차원에서 모든 사람들에게 골고루 공급된다면 아무런 문제가 없지 않을까?

똑똑해지는 약물이 보편화될 때, 우리는 이 약에 속박될 가능성이 있다. 이 약을 복용하고 싶지 않아도 그렇지 못할 수 있다는 뜻이다. 심지어는 강제적으로 복용하게 될지도 모른다. 예를 들어, 수업 시간에 졸지 않을 뿐 아니라 수업의 집중도가 높고 이해 능력도 뛰어난 학생을 선호하지 않을 교사가 있을까? 반면에 폭력적이거나 반항적이어서 학교생활에 어려움을 초래하는 학생을 반기는 교사가 있을까? 실제로 미국에서 학교가 주의력결핍 과잉행동장애 아동에게 의학적 치료를 강제해, 학부모가 소송을 제기한 사례

가 있다.

직장에서도 마찬가지일 것이다. 업무에 대한 이해 능력이 좀 더 우수하고 생산성이 높고, 거기에다 순종적이기까지 한 직원을 마다할 사업주가 있을까? 두뇌 능력 향상 약물이 이런 직원을 만들어 준다면 회사는 직원들에게 그런 약물의 복용을 종용하고 싶을 것이다. 적어도 그런 약물을 정기적으로 복용하고 있는 사람을 직원으로 채용하려고 들 것이다. 미국 군대에서는 전투력 향상을 위해 암페타민(amphetamine) 같은 약물을 군사들에게 복용시키는 것으로 알려져 있다. 특히 비행기 조종사에게는 집중력 향상 효과 때문에 권장한다고 한다.

두뇌 능력 향상 약물이 보편화될 때는 사회가 그런 약물의 복용을 강제할 가능성이 크다. 물론 드러나게 강제하지 않을 수 있지만 그것보다 더 무섭게 암묵적으로 강제할 수 있다. 사회적 강제는 많은 경우에 암묵적이지만 명시적인 것보다 강제력이 약하지 않다. 암묵적 강제는 사회적 강제와 개인의 자발성이 뒤섞여 있는 경우가 흔하기 때문에 명시적인 경우보다 더 가혹할 때가 있다. 두뇌 능력 향상 약물의 복용이 이런 식으로 사람들에게 강제될 가능성을 걱정하지 않을 수 없다.

누가 똑똑해지는 것일까?

똑똑해지는 약물이 건강에 해롭지 않고, 개인의 자유와 사회적 강제를 구분하기 어렵게 만드는 사회적 환경을 극복했으며, 누구나 적은 비용으로 손쉽게 구할 수 있는 것이라고 가정해 보자. 그렇게 되면 이 약물을 복용하는 데 아무런 문제가 없을까?

현재 사람이 사용할 수 있는 똑똑해지는 약물은 기억이나 각성 같은 인지 기능의 특정한 측면을 향상시키는 것이지 지능 자체를 좋게 하는 것은 아니다. 이런 약물을 통해 두뇌의 기능을 향상시킨다면 사람들은 지속적으로 약물을 사용할 것이다. 다시 말해, 약물 의존 상태에 빠지게 될 것이다.

또한 사람에 대한 사회적 평가 기준 역시 약물을 사용하였을 때의 기능을 평균적인 것으로 볼 가능성이 크고, 약물을 복용하지 않은 상태를 열등한 상태로 평가할 가능성이 있다. 올더스 헉슬리의 《멋진 신세계》에서 소마를 사용하지 않는 사람들이 보이는 행동 양상을 열등하게 평가하듯이 말이다. 《멋진 신세계》에서는 누구나 소마를 이용해 자신의 감정 상태를 순화한다.

똑똑해지는 약이 사람을 정말 똑똑하게 만들까? 똑똑해지는 약을 통해 똑똑해지는 존재를 사람이라 할 수 있을까? 똑똑한 것은 사람이 아니라 그 약이 아닐까? 기술의 발전으로 점점 더 똑똑해지는 것도 그 약이 아닐까? 그 약이 없으면 우리는 똑똑한 사람이 될 수 없으니 똑똑한 것이 그 약이라는 판단은 옳을 듯하다. 이렇게 된다면 똑똑해지는 약을 복용함으로써 우리는 똑똑해지는 약을 더 똑똑하게 만드는 데 기여할 것이다. 그리고 우리는 똑똑한 약의 능력을 일시적으로 빌리는 것뿐이다. 그 약을 복용하여 효과가 지속되는 시간 동안만 우리가, 아니 우리도 똑똑해지는 것이다. 그런데 우리가 진짜 원하는 것은 우리 자신이 똑똑해지는 것이 아닐까? 마법을 써서 잠시 똑똑한 체하는 것이 아니라 영원히 똑똑해지기를 바라는 것이 아닐까?

똑똑해지는 약이 무제한으로 공급되어 영원히 사용할 수 있다면 영원히 똑똑해지는 것과 다름없지 않을까? 물론 그럴 수도 있을지 모르겠다. 하지만 그것은 우리가 영원히 똑똑해지는 것이 아니라 오히려 우리가 똑똑해지는 약물의 영원한 노예가 되는 것이 아닐까?

어떤 사람이 똑똑해지는 약을 무한히 많이 가지고 있으며, 그는 그 약을 먹으면 하루 동안은 매우 똑똑한 사람이 된다고 상상해 보자. 그는 자기 자신이 자랑스러울까? 무엇이 자랑스러울까? 그 자신이 똑똑하다는 것이 자랑스러운 것이 아니고 똑똑해지는 약을 가지고 있다는 것이 자랑스러운 것이 아닐까? 만약 그가 똑똑해지는 약을 모두 잃어버렸다고 다시 상상해 보자. 그때는 그 사람에게는 자기 자신이 어떻게 비춰질지 궁금하다.

우리가 똑똑해진다는 것이 어떤 것일까? 우리는 왜 똑똑해지려고 할까? 객관적인 시선에서 보면, 훌륭한 이해력이나 분석력, 문제 해결 능력을 갖기 위해서일 수도 있다. 하지만 대부분은 주관적인 시선에서 그런 바람을 갖는 것이 아닐까? 다시 말해, 평균보다 나은 능력을 발휘하고 싶은 마음 때문에 우리는 똑똑해지길 바란다. 남보다 더 잘한다는 것을 보여 주고 그런 느낌을 받기 위해 똑똑해지길 바란다. 그런데 모든 사람이 똑똑해지는 약을 먹고 다 같이 똑똑해진다면 내가 똑똑해진 것이 무슨 의미가 있을까? 이런 경우에 똑똑해지고 싶다는 나의 바람은 성취된 것일까? 더군다나 약이 없어서 똑똑한 체할 수 없다면 이 상황은 더욱 비참하지 않은가?

9 신경 과학

마음을 읽는 뇌 영상 기술은 우리 삶에 어떤 영향을 미칠까?

우리나라 고전 소설 가운데 작가와 연대 미상의 작품인 《옹고집전》이 있다. 그 내용을 보면, 옹정 옹연 옹진골 옹당촌이라는 마을에 옹고집이라는 사람이 살고 있었다. 성질이 고약한 데다 인색하여, 팔순 노모도 제대로 돌보지 않는 인물이다. 월출봉 비치암이라는 곳에 도통한 도승이 학대사라는 승려를 시켜 옹고집을 혼내 주라고 했지만 학대사는 옹고집의 하인에게 매만 맞고 돌아온다. 도승은 직접 옹고집을 혼내 주기로 하고 신통력으로 허수아비를 옹고집으로 만들어 옹고집네로 들여보낸다. 옹고집과 허수아비 옹고집은 서로 진짜 옹고집이라며 다투게 되는데, 옹고집의 아내와 자식들도 누가 진짜 남편이고 아버지인지 분간하지 못한다. 결국 관가에까지 가서 고을 원님의 판결을 받는데, 진짜 옹고집은 가짜로 판명이 나서 곤장을 맞고 쫓겨난다.

사람들은 왜 가짜 옹고집의 거짓말에 감쪽같이 속았을까? 물론 허수아비 옹고집은 얼굴이나 하는 행동이 진짜 옹고집과 완전히 똑같았다. 거기에다 가짜는 옹고집에 관한 모든 것을 옹고집만큼, 아니 옹고집보다 더 잘 알고 있었다. 하지만 만일 그때 거짓말을 알아내는 기술이 있었다면 관아에 가는 소동을 벌일 필요도 없이 쉽게 가짜를 구분해 낼 수 있지 않았을까?

마음을 들여다보는 기술이 있다면?

서양에도 이와 비슷한 이야기가 있다. 16세기 프랑스를 떠들썩하게 만든 가짜 마르탱 게르 사건이다. 이 사건은 미국의 역사학자 나탈리 제먼 데이비스가 1983년에 《마르탱 게르의 귀환》이라는 책을 통해 소개했으며, 여러 사람들에 의해 다양하게 작품화되었다. 사건의 줄거리는 이렇다. 16세기에 프랑스의 피레네 산맥 근방에 살던 마르탱 게르는 14살 때 근방의 부잣집 딸 베르트랑드와 결혼을 했고, 8년이 지나 첫 아들을 낳았다. 그런데 게르는 아버지의 곡식을 훔친 잘못으로 꾸중을 듣고 처벌을 받는 것이 두려웠던 나머지 갑자기 아내와 자식을 두고 집을 나갔다.

8년이 지나 게르가 집에 돌아왔고, 그후 3년의 세월이 흐르는 동안 게르와 아내 사이에는 두 딸이 태어났다. 귀향한 게르와 베르트랑드는 화목한 가정생활을 하는 듯했지만, 아내 베르트랑드가 게르를 고소한다. 그가 자신을 속이고 남편 행세를 한 가짜라는 것이다. 재판이 진행되면서 게르는 자신이 진짜라는 것을 설득하는 데 거의 성공한 듯하였다. 하지만 반전이 일어난다. 재판의 막바지에 진짜 마르탱 게르가 나타난 것이다. 그동안 게르 행세를 한 것은 아르노 뒤 틸이라는 사람이었고, 그는 사람들이 자신을 게르와 혼동하는 것을 보고 게르 행세를 하기로 마음먹었다고 한다.

옹고집의 식구들이나 게르의 식구들, 그리고 고을 원님과 판사 등 주변 사람들이 모두 가짜를 진짜로 알고 살았다는 사실이 어처구니가 없을지도 모른다. 더욱이 마르탱 게르 사건은 꾸며 낸 이야기가 아니라 실화라고 하니 더욱 그렇다. 사람들은 왜 가짜의 거짓말에 속은 것일까? 거짓말을 확실하게 알아내는 과학적인 방법이 있었다면 적어도 이런 일은 벌어지지 않았을 것이라고 짐작할 수 있다.

참말과 거짓말을 구분할 수 있을 때 큰 도움을 받는 곳이 있다. 예컨대, 범죄 수사의 영역이나 법정이 그러한 곳이다. 하지만 거짓말을 가려내는 것은 생각만큼 쉬운 일이 아니다. 그래서 거짓말을 가려내려는 노력이 오래 전부터 여러 가지 방식으로 시도되었고, 거짓말 탐지기 같은 기계적 장치도 만들어졌다. 그리고 최근 획기적인 거짓말 탐지 기술의 등장에 대한 기대가 높아지고 있다. 바로 뇌 영상 기술의 발달에 거는 기대이다. 뇌를 읽어냄으로써 마음을 읽는 기술(mind reading technology)에 사람들의 관심이 집중되고 있다.

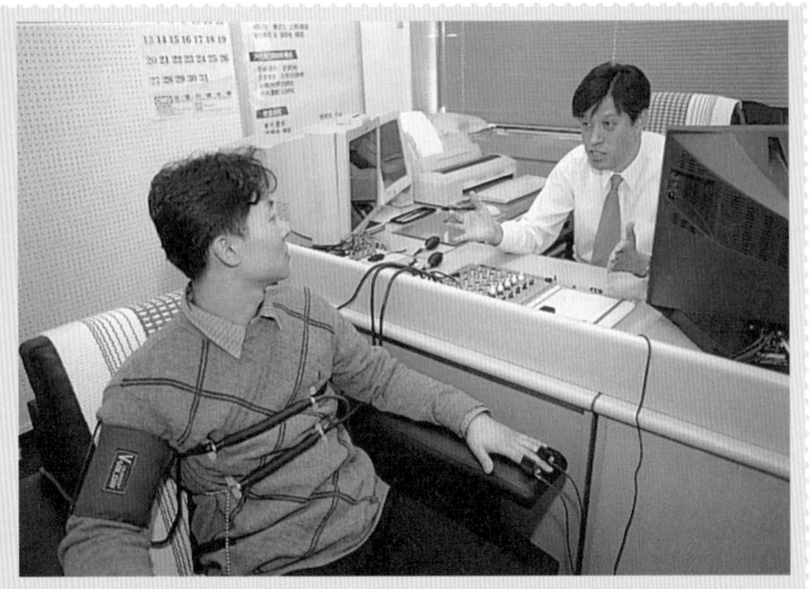

거짓말 탐지기로 조사를 받고 있는 피의자

과학적 수단으로 사람의 마음을 읽겠다는 생각에서 개발된 것이 거짓말 탐지기이다. 사람의 경우에 정서가 변할 때 생리적 변화가 동반되는데, 거짓말탐지기는 생리적 변화를 측정함으로써 참말과 거짓말을 분간해 내는 장치이다. 다용도 기록계(polygraph)의 일종인 거짓말 탐지기는 호흡, 맥박, 혈압, 피부 전기 반사를 동시에 측정함으로써 말하는 사람의 감정의 변화를 포착한다. 거짓말을 하는 사람은 자신이 거짓말을 하고 있다는 것을 자각하고 있고, 또한 거짓말이 들키지 않으려고 조심하며 혹시 들키지 않을까 걱정할 것이다. 그러한 감정적 동요가 거짓말 탐지기에 이상 반응으로 나타난다.

역사적으로는 1885년에 이탈리아의 생리학자 롤브르노가 맥박의 변화를 측정하는 방법으로 범인을 검거하는 데 성공했다고 알려져 있으며, 1920년에 캘리포니아 경찰이 처음으로 범죄 수사에 거짓말 탐지기를 활용했다는 기록이 있다. 하지만 현재 거짓말 탐지기는 일반적으로 법정에서 공소 사실에 대한 직접적 증거로 인정되지 않고 있으며 진술의 진위를 판단하는 근거로만 활용되고 있다. 마음이 약하거나 예민한 사람은 거짓말을 하고 있지 않더라도 조사를 받는 동안 신체의 생리적 변화를 일으킬 수 있으며, 이성적이고 냉철한 사람이나 사이코패스 같은 정신이상자는 거짓말을 하는 중에도 정서적 동요를 거의 일으키지 않으므로 그에 따른 생리적 변화도 나타나지 않을 수 있기 때문이다.

그래서 등장한 것이 뇌 지문 감식법이다. 사람의 머리에 뇌파 측정 장치를 착용시키고 범죄에 관한 사실을 말해 주거나 범죄 장면을 보여 주고 반응을 검사하는 방법이다. 만일 검거된 사람이 범인이라면 범죄자만 알 수 있는 사실 혹은 기억 같은 것이 있을 것이기 때문에 어떤 말이나 장면에 대해 반응할 것이라는 데에서 착안한 것이다. 또한 질문에 대한 반응 시간을 측정하는 방식으로 거짓말을 가려내는 방법도 있다. 거짓말을 하는 사람은 아무리 노력을 하더라도 참말을 할 때보다 반응이 아주 조금이라도 늦기 마련이라는 데에서 착안한 것이다.

최근에는 기능성 자기공명영상(fMRI)을 활용한 방법도 제시되어 있다. 거짓말을 할 때와 참말을 할 때 우리의 뇌에서 활성화되는 부위가 전혀 다르다는 데에서 착안한 방법이다. 지금까지 개발된 어떤 거짓말 탐지 방법보다 신뢰성이 높고, 앞으로 추가적인 연구가 이루어진다면 참말과 거짓말을 거의 정확하게 구분해 낼 수 있다고 한다. 이런 식으로 발전을 거듭하여 거짓말을 손쉽게 알아내는 기술이 등장한다면 세상은 과연 어떻게 될까? 사람들은 더 이상 거짓말을 하지 않게 될까? 그리고 사람들이 더 이상 거짓말을 하지 않으면 좀 더 나은 세상이 될까?

뇌 영상 기술이란 무엇인가?

뇌 영상 기술이란 사람의 뇌의 활동을 시각적 이미지를 통해 보여 주는 기술을 말한다. 뇌 영상 기술의 역사는 1970년대로 거슬러 올라간다. 이때에는 일반적으로 CT라고 불리는 전산화 단층 촬영술이 개발되기 시작했다. 엑스선을 이용해 물체를 여러 각도에서 투영한 다음에 그 데이터를 재구성하면 3차원 영상을 알아낼 수 있다는 데에서 착안한 기술이다. CT를 이용하면 인체의 내부 구조에 대해 알아낼 수 있다. 초기에 전산화 단층 촬영(computed axial tomography: CAT)이 등장한 이후에 CT 기술은 빠른 속도로 발전했다. 1971년에 영국의 앗킨슨 몰리 병원에 세계 최초로 두부 CT 기기가 임상에서 사용되었으며, 1974년에는 조지타운 대학병원에 전신용 CT가 설치되었다.

최근에는 CT보다 진보된 뇌 영상 기술들이 등장하여 일반화되어 있다. 양전자 방출 단층 촬영(positron emission tomography: PET), 자기 공명 영상(magnetic resonance imaging: MRI) 등이 그것들이다. PET는 인체의 기본 대사 물질에 양전자를 방출하는 방사성 동위 원소를 표시하는 방식으로 인체의 생화학적 변화를 측정하는 기술이다. 인체 대사 물질에 방사성 동위 원소를 표시하는 데 FDG라는 약물을 이용한다.

MRI는 자기장을 이용하여 인체의 특정 부위의 단층 영상을 얻는 기술이다. MRI는 엑스선이나 PET처럼 방사선을 이용하지 않으므로 인체에 무해하고, 3차원 영상을 만들어 낼 수 있다. CT에 비해 대조도와 해상도가 뛰어나다고 한다. 횡단면 이외의 다른 방향의 단면도 촬영할 수 있다.

1980년대에는 이런 뇌 영상 기술들을 이용하여 인간의 인지 행동과 정서 행동에 대한 연구가 시작되었다. 주로 PET로 연구가 이루어졌다. 1990년대에는 PET에 비해 인체에 해롭지 않은 기술인 MRI를 통해 연구가 진행되었다. 최근에는 PET와 MRI의 장점을 결합한 PET-MRI 기술도 등장했다. 이 기술은 혈액이나 신경뿐만 아니라 인체에서 가장 구조가 복잡한 뇌세포의 변화까지 감지하고 3차원 영상으로 보여 준다.

뇌 영상 기술의 발전은 최근 뇌 과학 발전의 원동력이 되고 있다. 특히 기능성 자기 공명 영상(fMRI)의 등장은 인간의 행동에 대한 신경적 기초를 연구하는 데 중요한 전환점이 되고 있다. fMRI는 공간적으로 1밀리미터 단위, 시간적으로 1초 단위마다 뇌의 변화를 측정할 수 있다. 이 정도면 뇌에서 발생하는 생리학적 변화를 일부분 포착할 수 있다고 한다. 또한 구조성 자기 공명 영상(sMRI)을 이용하면 뇌의 크기와 모양을 정확하게 측정할 수 있다. 그리고 비교적 오래된 기술인 뇌파 검사(electroencephalography: EEG)와 사건 관련 전위(event-related potentials: ERP) 기술들도 신호 처리 기술을 응용함으로써 새롭게 기능이 확장되고 있다.

타인의 뇌를 마음대로 읽어도 될까?

1995년에 우리나라에서도 개봉된 영화 〈코드명 J〉에는 컴퓨터의 정보를 뇌로 전달하고 뇌의 정보를 다시 컴퓨터로 읽어 내는 이야기가 나온다. 또한 우리 뇌 속의 기억을 지우기도 하고 다시 살려 내기도 한다. 이 영화는 사이버펑크(1980년대 이후 등장한 과학 소설의 한 장르) 문학의 대표주자인 윌리엄 깁슨이 1984년에 발표한 소설 《뉴로맨서》에 묘사한 작가의 생각을 바탕으로 만들었다고 한다. 국내에서는 〈코드명 J〉로 상영되었지만 이 영화의 원제는 〈기억장치 쟈니(Johnny Mnemonic)〉이다. 주인공 쟈니의 뇌가 이동식 기억 장치로 활용되기 때문이다.

〈코드명 J〉에 소개된 이야기는 아직 허구이지만, 뇌 영상 기술의 발전은 사람의 뇌를 읽어 내고, 그럼으로써 사람의 마음을 알아내는 길로 한걸음 더 나아가게 만들고 있다. 뇌 과학자들은 어떤 사람이 어떤 감정 상태에 있는지, 어떤 종류의 생각을 하는지, 거짓말을 하는지 참말을 하는지를 뇌 영상 기술을 통해 뇌를 읽어 냄으로써 알아내는 길이 열릴 것이라고 믿고 있다. 더 나아가서 미래에 사람의 뇌를 읽어 낼 수 있는 휴대용 스캔 장치가 개발된다면, 사람들이 말없이 생각과 마음을 주고받을 수 있을지도 모른다.

정말로 뇌를 정확히 읽어 낼 수 있다면, 다시 말해 우리가 어떤 감정 상태이고 무슨 생각을 하는지를 뇌 스캔을 통해 알아낼 수 있다면, 큰 혜택을 볼 분야들도 있을 것이다. 이를테면 범죄 수사관이나 재판관은 각각 용의자가 범인인지 여부를 확인하고 피고나 원고의 유죄와 책임 여부를 판단하는 데 큰 도움을 받을 것이다. 이 기술로 인해 법정의 풍경도 많이 바뀌게 될 지도 모른다.

하지만 뇌 영상 기술이 연구자들의 주장만큼 믿을 만한 것이라고 보기에는 아직 의문이 있다. 현재의 뇌 영상 기술은 '마음을 읽는다'는 대중매체의 선전 문구에 전혀 미치지 못하는 수준이다. 최첨단 기기로 얻은 뇌 영상도 기가바이트 수준의 생리학적 데이터에 불과하며 이것이 사람의 마음과 관련하여 어떤 의미를 지니는지는 불분명하다. 물론 어떤 사람의 뇌 영상 데이

터가 그 사람의 심리적 태도 및 상태와 연관되어 있는 것은 분명하다. 그렇지만 뇌 영상 데이터로 특정 개인의 정서와 생각을 읽어 낼 수 있는 것은 아니다. 집단들 사이의 차이를 알 수 있을 뿐이다.

뇌 영상에 대한 연구를 통해 얻은 척도들은 행동에 대한 연구를 통해 얻은 전통적인 척도보다 사람의 심리 상태나 특성을 더 잘 분석할 수 있게 해 줄 것이다. 아마도 미래에는 뇌에 대한 연구로 얻은 척도들이 사람의 심적 상태나 특성을 판단하는 중요한 수단이 될 가능성이 크다. 하지만 지금은 그런 정도에 미치지 못하고 있다.

뇌 영상 기술은 뇌에 대한 대중의 긍정적 통념과 결합하여 새로운 사회적, 윤리적 문제를 발생시킬 가능성이 있다. 사람들은 보통 생각과 감정을 제어하는 기관이 바로 뇌라고 생각한다. 그래서 '비록 사람은 거짓말을 하더라도 뇌는 거짓말을 하지 않는다'는 말에 동의할 것이다. 뇌 영상 기술이 발달하고 의학적 효용이 증가할수록 뇌 영상 기술에 대한 사람들의 믿음은 사실 범위를 훌쩍 뛰어넘게 될 것이다. 뇌 영상 기술을 활용한 거짓말 탐지 기술이 등장한다면 그것에 대한 대중의 신뢰는 객관적 사실에 대한 믿음 이상일 것이다. 이럴 경우에 다양한 방식으로 사회적, 윤리적 문제들이 발생할 것이다.

거짓말이란 무엇인가?

거짓말은 사실이 아닌 것을 사실인 것처럼 하는 말이다. 거짓말은 사실과 다른 이야기이다. 거짓말이 성립하려면 그 말을 하는 사람이 자신의 말이 진실이 아니라는 것을 알고 있어야 한다. 그리고 거짓말을 하는 사람은 적어도 자신의 말을 상대방이 진실이라고 받아들일 가능성이 있다는 것도 이해하고 있다. 그래서 거짓을 말하는 사람은 자신의 거짓말을 상대방이 참말로 받아들이도록 유혹하는 수단들을 강구하는 경우가 종종 있다. 따라서 모르고 한 거짓말이란 있을 수 없으며 거짓말은 의도된 것이라고 말할 수 있다. 모르고 한 말, 다시 말해 무엇이 실제 사실인지 모르고 한 말은 거짓말이 아니라 틀린 말, 사실과 다른 말일 뿐이다.

의도적으로 거짓을 남에게 말할 때는 무슨 꿍꿍이가 있기 마련이다. 그리고 그런 꿍꿍이는 보통 타인에게 해가 되는 것이다. 많은 범죄 행위들이 거짓말과 관련되어 있는 것은 우연이 아니다. 그래서 플라톤, 몽테뉴, 칸트 등 수많은 사상가들이 거짓말을 심각한 악행으로 규정했다. 플라톤은 거짓말이 사람의 영혼은 타락시킨다고까지 말했고, 몽테뉴는 거짓말을 저주받을 행위라고 썼다.

근대 독일의 철학자 칸트는 거짓말이 도덕적으로 허용되어서는 안 되는 이유를 좀 더 분명하게 밝혔다. 칸트가 생각하기에 거짓말을 해서는 안 되는 이유는, 거짓말이 보편적으로 통용되는 경우를 논리적으로 상상할 수 없다는 점과 거짓말은 상대방을 인간이 아니라 사물로 대하는 것이라는 점에 있다. 칸트는 거짓 약속의 사례를 통해 거짓말에 대해 이야기한다.

한 소년이 돈이 없어서 어쩔 수 없이 누군가에게 빌리지 않으면 안 될 처지에 있다고 가정해 보자. 하지만 소년은 자신이 빌린 돈을 갚을 수 없다는 것을 알고 있었다. 또한 일정 기일 내에 돈을 갚겠다고 확실하게 약속하지 않으면 돈을 빌릴 수 없다는 점도 알고 있었다. 그래서 소년은 정해진 기일까지 돈을 갚겠다고 거짓 약속을 하고 돈을 빌리기로 결정한다.

이때 소년의 행위는 도덕적으로 허용되지 않는다. 왜냐하면 소년은 '돈이 필요할 때는 나중에 갚을 능력이 없을 지라도 돈을 갚겠다고 굳게 약속하기만 하면 되고, 실제로 갚지 않아도 좋다'는 원칙을 따르고 있는데, 이런 원칙은 보편적으로 통용될 수 없기 때문이다. 만일 이런 원칙이 보편적으로 통용된다고 가정해 보라. 그러면 누구도 약속을 지키지 않는 세상, 다시 말해 누구나 거짓말을 하는 세상이 될 것이므로 거짓말을 하는 사람 누구도 거짓말로 자신이 목적하는 바를 달성할 수 없을 것이다.

칸트는 소년의 행위가 도덕적으로 허용되어서는 안 되는 또 한 가지 이유를 들었다. 사람은 누구나 존중받아야 하며, 그것은 그 사람이 가진 재능이나 신분, 지위, 나이 등 때문이 아니다. 그 사람이 가진 인간성 혹은 인격, 다시 말해 인간으로서의 가치 때문에 존중받아야 한다. 그런데 소년의 거짓 약속은 상대방의 인간성을 전혀 존중하지 않고 있다. 단지 자신의 목적, 즉 자신에게 필요한 돈을 확보하기 위한 수단으로서 상대방을 대하고 있을 따름이다. 칸트는 사람을 인간성이나 인격으로서 전혀 고려하지 않고 오로지 자신의 목적을 이루기 위한 수단으로만 삼는 행위는 사람들 사이에서 허용되어서는 안 되는 행위라고 생각했다.

거짓말이 사라지면 더 좋은 세상이 될까?

거짓말을 절대로 허용되어서는 안 될 악덕이라고 생각하는 플라톤이나 몽테뉴와 다른 시각을 가진 사람들도 있다. 거짓말이 절대로 허용되지 않는다면 지극히 내밀한 개인의 사생활이 유지되고 보존되기 어려울 것이다. 누군가 나의 사적인 삶의 영역에 대해 물었을 때 오로지 진실하게만 말해야 한다고 생각해 보라. 나의 사생활이라는 것이 가능할 수 있겠는가? 단 한 순간도 거짓을 말해서는 안 된다고 하면 연인 사이에서 '깜짝 선물'이나 '깜짝 파티'는 꿈도 꿀 수 없을 것이다. 이런 경우의 거짓말은 지속력이 있는 것도 아니고 지극히 일시적인 것이지만 말이다. 물론 이런 거짓말은 누구에게 해를 끼칠 의도로 계획된 것도 아니고 실제로 누구에게 해를 끼치지도 않는다. 오히려 깜짝 선물이나 깜짝 파티 같은 것들은 우리 삶에 활력을 불어넣어 주기도 한다. 이 점을 인정한다면 거짓말이 필요할 때도 있다고 말해야 하지 않을까?

거짓말은 언제나 금지되는 것이 옳을지를 한번 고민해 볼 필요가 있다. 인간의 삶은 너무도 복잡해서 참말이라는 한 가지 실만으로는 엮을 수 없는 카펫 같은 것일지도 모른다. 물론 삶을 진실의 실로 엮어나가야 하지만, 진실의 실은 오로지 참말만으로 구성된 것이 아니라 대부분의 참말과 약간의 거짓말이 꼬아져서 만들어진 것이다. 이 점과 관련하여 리키 제바이스와 매튜 로빈슨이 공동으로 감독한 영화 〈거짓말의 발명〉(2009년)은 흥미롭다. 이 영화는 거짓말이 없는 세상, 그러니까 아무도 거짓말을 할 줄 모르는 세상에서 거짓말을 할 줄 아는 유일한 사람의 이야기를 다루고 있는 코미디이다. 희극이지만 마냥 웃어넘길 수 있는 영화는 아니다. 거짓말할 줄 모르는 사람들의 세상은 어떨까 하는 주제로 관객의 상상력을 자극하고, 거짓말도 인간의 삶에서 의미가 있는 것임을 보여 주고 있다.

여기서 거짓말의 의도와 결과에 대해 고려해 볼 필요가 있다. 먼저, 타인에게 해를 끼지는 것을 목적으로 하는 거짓말은 허용될 수 없다. 거짓말이 결과적으로 타인에 대한 해를 낳았다면 그 결과에 대해서는 거짓말을 한 사람이 책임지는 것이 옳을 것이다. 타인에게 해를 끼칠 의도에서 비롯된 것이 아니고 타인에게 해를 끼치지도 않은 거짓말이라면 허용될 수 있지 않을까?

물론 어떤 경우에도 거짓말이 권장될 수는 없어 보인다. 제한적으로라도 거짓말을 권장했을 때 생길 결과가 파괴적일 수 있기 때문이다.

진실만을 말한다는 원칙은 우리를 곤혹스러운 상황에 빠뜨리기도 한다. 앞서 소개한 소크라테스와 케팔로스의 대화에서 든 사례가 그런 상황을 보여 준다. 어느 날 친구가 몹시 흥분한 상태로 미친 사람의 몰골을 하고 찾아와서는 맡겨 두었던 칼을 달라고 한다. 그때 이 사람은 친구에게 칼을 내주어야 할까? 언제나 진실만을 말해야 하고, 약속은 반드시 지켜야 하니 칼을 내주는 것이 옳을까, 아니면 무슨 핑계를 대서라도 칼을 내주지 않아야 할까?

이런 경우들 때문에, 칸트는 거짓말을 절대로 허용해서는 안 된다고 하면서 언제나 반드시 진실만을 말해야 하는 것은 아니라고 주장했다. 거짓말을 해서는 안 되는 의무는 있지만 반드시 진실만을 말해야 하는 의무는 없다. 칸트는 진실을 말하지 않지만 거짓을 말하는 것을 빗겨가는 길이 있다고 생각했다. 위의 사례에서 흥분한 친구가 과거의 약속을 환기시키며 칼을 돌려줄 것을 요구할 때 다른 이야기로 화제를 돌리는 방법이 그런 경우이다.

개인의 삶의 영역에서 보면, 거짓말이 권장되지는 않더라도 허용될 수 있는 경우가 있다. 하지만 사회적인 영역에서 거짓말은 절대로 허용되어서는 안 된다. 거짓말이 보편적으로 허용된다면 사회 내지는 사회적 관계 자체가 성립하지 않기 때문이다. 예외적으로 거짓말이 허용되는 경우에는 사회적 부정과 부패, 비리를 막을 방법이 없게 된다. 사회적 삶과 관련해서는 정직이 보편적으로 통용되는 것이 옳다.

10 생명 합성

생명의 합성, 신의 영역을 침범한 것인가?

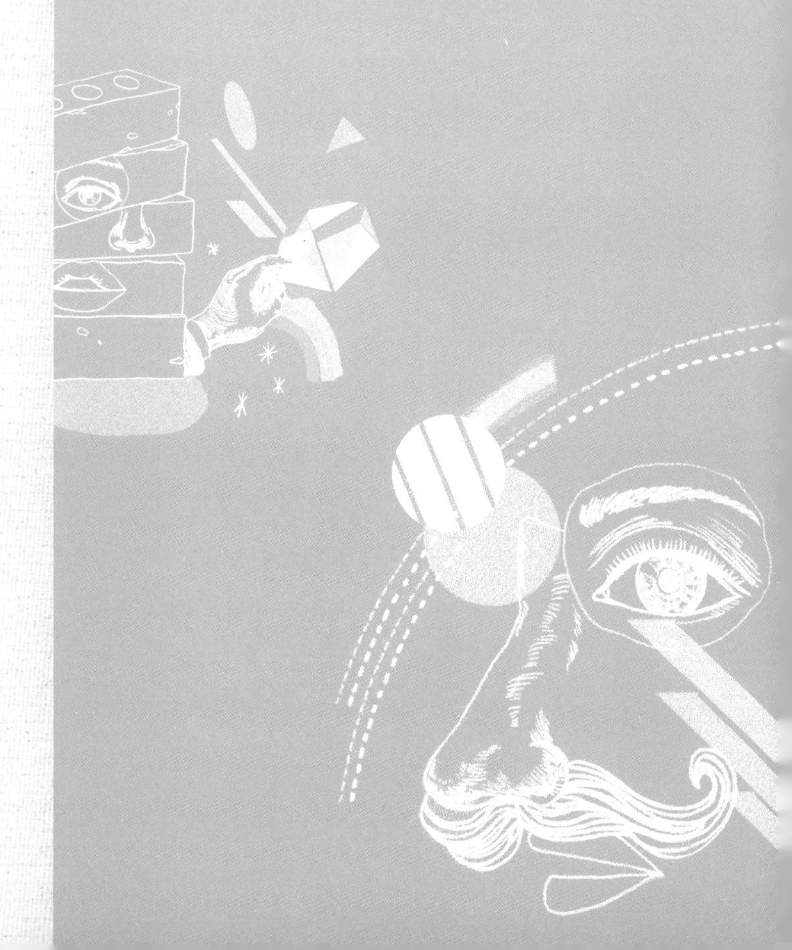

생명의 창조, 특히 사람의 탄생은 동서양의 신화에서 중요하게 다루는 이야깃거리이다. 수메르 신화에서 사람은 신들을 대신해 노동을 담당하기 위해 만들어졌다. 수메르 신화에서는 신들이 날마다 먹을 것을 구해야 했는데, 그 번거로움을 덜기 위해 사람이라는 존재를 만들어 낸 것이다. 엔키라는 신이 물속에서 채취한 점토로 신의 모습을 닮게 창조한 생명체가 사람이다.

중국 신화에서는 여신 여와가 진흙탕에서 사람을 만들었다. 하늘과 땅이 갈라진 뒤로 세상에 산과 강, 풀과 나무가 있었지만 사람은 없었다. 여와가 세상에 내려와 물가의 진흙에 물을 섞어 개구리 모양을 빚어 땅에 내려놓자, 개구리가 개굴개굴 울면서 물속으로 뛰어들었다. 여와는 산에서 푸른 덩굴을 꺾어 진흙탕에 집어넣고 휘휘 저은 다음에 힘껏 휘둘렀다. 그러자 여기저기 진흙 방울이 튀었고 그것들이 모두 사람으로 변했다고 한다.

그리스 로마 신화에도 사람의 창조에 관한 이야기가 있다. 흔히 사람은 신들이 협동해 만들었다는 설과 프로메테우스가 만들었다는 설이 있다. 구스타프 슈바브의 《그리스 로마 신화》에는 프로메테우스가 사람을 창조한 것으로 쓰여 있다. 하늘과 땅이 생겨나고, 바다에는 물고기가 노닐고 하늘에는 새들이 지저귀고 땅에는 동물들이 떼를 지어 다녔다. 이때 제우스와 싸워 권좌를 빼앗긴 타이탄족의 자손인 프로메테우스가 지상으로 왔다.

프로메테우스는 땅에 하늘의 씨앗이 숨겨져 있음을 알아차리고 땅의 흙을 강물로 반죽해 신과 같은 모습을 가진 존재를 만들었다. 그러고 나서 동물의 영혼에서 좋은 성질과 나쁜 성질을 채취해 반죽한 것을 가슴에 넣어 주었다. 지혜의 여신인 아테나는 프로메테우스의 친구였는데, 프로메테우스의 창조물이 반쪽짜리 영혼밖에 지니지 못한 것을 안타까워해서 신들의 숨결인 정신을 불어넣어 주었다. 이렇게 해서 이 세상을 다스리는 사람이라는 존재가 탄생한 것이다.

생명의 합성, 진보인가 파국의 전주곡인가?

생명을 창조한 것은 프로메테우스만이 아니었다. 그리스 로마 신화의 또 다른 신인 헤파이토스 역시 생명을 창조했다. 대장장이의 신인 헤파이토스는 놋쇠로 탈로스라는 거인을 만들어 생명력과 괴력을 불어넣었다. 탈로스는 청동으로 된 핏줄을 통해 마법의 피가 몸 안을 돌고 있으며 어떤 무기로도 뚫을 수 없는 피부를 가지고 있는 천하무적의 용사였다.

생명 창조는 대부분의 신화에서 신의 영역으로 여겨지고 있지만 사람이 이에 동참한 사례도 있다. 유대인들의 신화에는 골렘이라는 인간을 닮은 존재가 등장한다. 골렘은 특별한 능력을 가진 랍비가 만들었다고 한다. 랍비는 진흙을 물에 개어 만든 인형에 숫자와 글자를 조합한 주문을 외어 생명을 불어넣었다. 골렘은 영혼이 없고 말도 못하지만 사람의 말을 알아듣고 명령에 복종한다. 힘이 매우 세고 부적을 붙이면 다른 사람의 눈에 띄지도 않기 때문에 박해받던 시기의 유대인들에게 큰 도움이 되는 존재였다. 하지만 골렘은 하나의 생명체라기보다는 로봇에 더 가깝다. 번식할 수 없기 때문이다.

메리 셸리의 공상 과학소설인 《프랑켄슈타인》에서는 빅터 프랑켄슈타인 박사가 죽은 사람들의 몸으로 괴물을 만들어 낸다. 하지만 프랑켄슈타인 박사는 자신이 만든 괴물을 혐오하고 괴물에게서 도망쳐 버린다. 그러자 괴물은 자신을 끔찍한 존재로 만들어 놓은 박사를 증오하며 복수하기 위해 그를 찾아 나선다. 괴물의 증오와 분노는 모든 것을 파국으로 끌고 간다.

2010년에 많은 사람들을 또 하나의 환상 속으로 초대한 영화 〈아바타〉에는 합성 생명체가 등장한다. 영화에 등장하는 아바타는 판도라 행성의 원주민인 나비족의 유전자와 사람의 유전자를 섞어서 만든 합성 생명체이다. 아바타는 주인과 원격 접속을 통해 움직이지만 로봇이라기보다는 생명체에 가깝다.

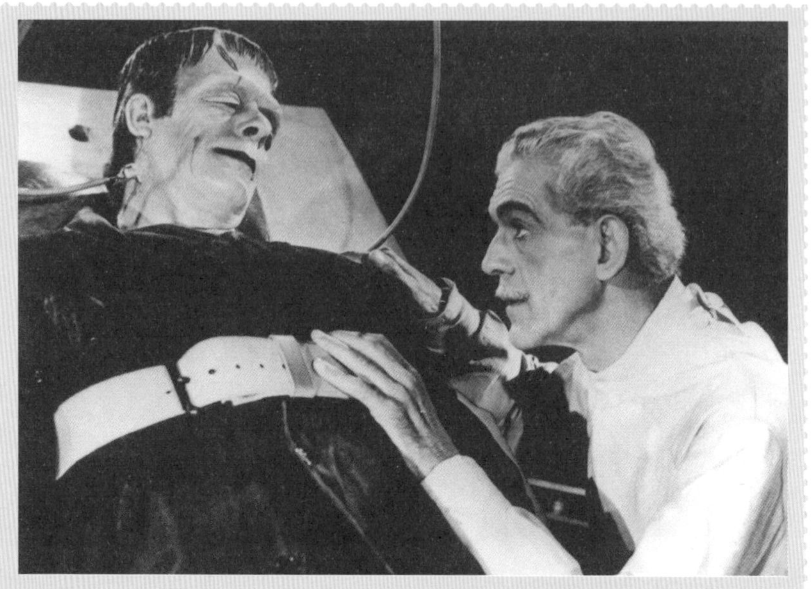

영화 〈프랑켄슈타인〉의 한 장면

상상이 아닌 현실 속에서 사람이 생명을 창조에 참여한 사례가 있다. 1997년에 영국 로슬린 연구소의 이언 윌머트(Ian Wilmut) 박사 연구진이 체세포 복제 방식으로 양을 복제하는 데 성공했다. 이렇게 태어난 양은 돌리라는 이름을 얻었다. 이것은 인간이 생명 창조의 길에 들어선 중대한 사건이었다. 2005년 10월, 미국의 연구진들이 지구 상에서 이미 사라진 것으로 알려진 스페인 독감 바이러스를 복원해 내는 데 성공했다. 알래스카 영구 동토층에서 1918년 스페인 독감 바이러스로 죽은 희생자들의 사체를 발굴하고, 그 조직들을 이용해 스페인 독감 바이러스의 유전체를 완성했다. 그러고 나서 그 유전체를 토대로 스페인 독감 바이러스를 복원해 낸 것이다. 스페인 독감 바이러스는 현재 실험실의 냉장고에 고이 보관되어 있다고 한다.

생명 공학 기술의 발달은 이미 엄청난 수준에까지 이르렀다. 현재 합성 생물학(synthetic biology)이라는 새로운 생명 공학 분야에서는 이미 지구 상에서 사라진 생명체를 복원하거나, 생명 물질을 조작하거나, 혹은 생명 물질을 인공적으로 만들어 내는 작업을 진행하고 있다. 이른바 생명 창조의 길에 사람이 본격적으로 발을 들어놓은 것이다.

합성 생물학이 세간에 알려지면서 사람들 사이에서 우려와 반대의 목소리가 커지고 있다. 종교계에서는 신의 영역으로 여겼던 생명 창조에 사람이 개입하는 것을 바벨탑을 세워 하늘에 닿으려고 했던 사람의 행동과 다름없는 것으로 보고, 사람이 신의 자리를 넘본다고 비난하고 있다. 생명은 신성한 영역이며 생명 창조에 관여하려는 사람의 행동은 신을 흉내 내거나 신처럼 행동하는 것일까? 그리고 합성 생물학이 불러올 위험에 대한 우려는 종교계 밖에서도 작지 않게 들려온다.

합성 생물학이란 무엇인가?

합성 생물학은 문자 그대로 생명을 합성해 내는 연구 분야이다. 합성 생물학은 자연 속에 존재하는 생명의 구성 요소를 재설계하거나 재구성하는 방식으로 생명을 합성하는 것을 목표로 하는 생명 공학의 한 분야이다. 합성 생물학은 전통적인 생물학과 전혀 다른 관점에서 생명을 대한다. 전통적인 생물학은 생명 현상을 관찰하고 밝혀진 사실을 기술하는 데 초점을 두었다. 하지만 합성 생물학은 생명 현상을 관찰하고 기술하는 차원을 넘어 생명의 영역에서 공학적 처치를 해 나간다. 그러므로 합성 생물학은 궁극적으로 생명의 창조와 지배를 목표로 한다고 할 수 있다.

합성 생물학의 역사는 효소 등을 이용해 DNA의 일부를 잘라 내거나 덧붙이고, 유기체들 사이에서 DNA의 일부를 바꿔 끼우는 공학적 처치 수단인 '재조합 DNA 기술'이 등장한 1970년대 중반까지 거슬러 올라간다. 이때

는 합성 생물학이라는 정확한 용어가 사용되지는 않았다. 그 후 '체세포 복제 기술'과 '인간 게놈 지도 완성' 등 최근 10여 년 사이에 생명 공학 분야에서 비약적인 기술적 발전이 있었고 이런 토대 위에서 생물학에 공학적 접근법을 접목한 합성 생물학이 본격적으로 시작되었다.

현재 합성 생물학은 다양한 각도에서 연구가 진행되고 있다. 먼저, 유전 물질인 DNA와 여타 생체 분자들로부터 생명의 구성 요소를 창조하려고 노력하는 사람들이 있다. 대표적으로 스탠퍼드 대학교의 교수이자 바이오브릭스 재단의 창립자인 드류 앤디(Drew Andy)는 생명의 기본 단위인 '바이오브릭스'를 만들어 내기 위해 연구하고 있다. 우리말로 풀이하면 '생명의 벽돌'인 바이오브릭스는 생명이라는 거대한 건축물의 가장 기초적인 재료의 단위를 뜻한다. 앤디는 DNA를 기반으로 표준적인 생명의 단위들을 만들고, 그 목록을 완성하고자 노력하고 있다. 만일 이 작업이 성공한다면, 생명의 벽돌들을 이리저리 조합하여 우리가 원하는 건축물, 다시 말하면 우리가 원하는 생명체를 마음대로 만들어 낼 수 있을 것이다. 적어도 기존 생명체의 일부분을 변경하여 생명체를 재설계할 수 있을 것으로 기대된다.

또한 최소 유전체(minimal genome)를 개발하려는 사람들이 있다. 최소 유전체란 박테리아 개체 하나가 생명을 유지하는 데 필요한 최소한의 유전적 재료만을 함유한 유전체를 말하는 것이다. 생물의 유전체에는 생명 유지에 필수적인 요소 외에 환경에 적응하고 살아가는 데 필요한 요소들이 많이 포함되어 있다. 최소 유전체는 생명 유지에 반드시 필요한 요소 이외에는 모두 제거한 유전체이며, 여기에 앤디가 연구하는 바이오브릭스 같은 것으로 보충하면 우리가 원하는 생명체가 탄생될 것이다.

생명공학 연구는 생명에 대한 공학적 처치로 이득을 얻는 연구 분야이다. 생명에 대해 공학적으로 처치하는 데 있어 효율의 극대화를 위해 생명 유지에 반드시 필요한 요소들을 확인하고 그렇지 않은 요소들을 분리해 낼 필요가 있다. 최소 유전체에 대한 연구는 생명 공학적 연구의 효율성을 크게 높이는 데 기여할 것이다. 더욱이 만일 최소 유전체가 성공적으로 구성된다면, 여기에 앤드의 바이오브릭스를 삽입하는 방식으로 박테리아 같은 생명체로부터 우리가 원하는 물질을 얼마든지 만들어 내게 될 것이다.

이를테면, 바이오 연료의 재료가 되는 물질을 생산해 내도록 최소 유전체를 코딩하면 사람들은 바이오 연료를 지금보다 낮은 비용으로 구할 수 있게 될 것이다. 최소 유전체 연구에서 대표적인 인물로는 신세틱 제노믹스(Synthetic Genomics)의 창업자인 크레이그 벤터(Craig Venter) 교수가 있다. 벤터 교수는 한 종의 박테리아 유전체를 다른 종의 박테리아로 이식하는 작업에 성공했으며, 한 박테리아의 유전체 사본을 만드는 작업도 성공했다. 하지만 합성된 유전체 사본을 실제 세포 속에 집어넣어서 제대로 작동하게 만드는 데까지는 도달하지 못했다. 만일 이 작업이 성공한다면 하나의 기본 유기체로부터 다양한 물질을 생산해 내는 일이 가능해질 것이다.

그리고 인공 세포를 만드는 연구를 하는 사람들도 있다. 하버드 대학교의 분자 유전학자인 조지 처치(George Church) 교수는 이른바 원세포(protocell)라는 인공 세포를 만들려고 한다. 원세포는 간단한 무기물이나 유기물로부터 자연 발생적으로 조립되는 것으로, 마이크로 단위의 자기 조직화 능력이 있는 진화하는 유기체이다. 한마디로 원세포는 살아 있다. 박테리아 같은 단세포 유기체와 유사하지만 자연 상태에 존재하고 있는 박테리아보다 더 단순하다. 원세포는 자연적으로 만들어지는 것이 아니라 인공적으로 만든 것이기 때문이다.

덴마크의 물리학자인 스틴 라스무센(Steen Rasmussen)은 매우 독특한 방식으로 원세포에 접근한다. 그는 신진대사 체계, 생명의 정보를 저장하는 분자, 이것들을 담아 낼 수 있는 용기(일종의 세포막)가 있으면 하나의 원세포를 만들어 낼 수 있을 것이라고 믿었다. 그는 자연의 유전 물질인 DNA 대신 완전히 인공적인 합성 뉴클레오티드인 PNA(Peptide Nucleic Acid)를 사용한다. PNA는 DNA의 당-인산 골격을 펩티드로 대체한 것이다. 처치 교수나 라스무센 교수 같은 연구자들의 노력이 성공을 거둔다면, 우리는 인공 세포, 다시 말해 자기 조직화하고 진화하는, 생명을 가진 것처럼 작동하는 시스템을 인공적으로 만들어 낼 수 있을 것이다.

아예 생체 분자를 합성해 내려는 사람들도 있다. 빌 앤 멜린다 게이츠 재단(Bill & Melinda Gates Foundation)의 투자를 받아 많은 관심을 받은 제이 키슬링(Jay Keasling)은 생체 분자의 인공적 합성에 관심을 두고 연구하고 있다. 현재 그의 연구는 박테리아 합성에 초점을 두고 있다고 한다. 제이 키슬링은 말라리아 치료 약물인 알테미신(artemisin)의 전구체인 알테미시닌(artemisinin)을 생산해 내는 박테리아를 합성하는 데 성공했다. 현재 그는 살충제를 분해하는 박테리아를 개발하고 있으며, 바이오 연료를 생산하는 박테리아 또한 연구하고 있다.

합성 생물학이 가져올 이득과 위험

합성 생물학의 성공은 인류에게 여러 가지 이득을 가져다줄 것이다. 먼저, 합성 생물학은 진리의 발견이라는 순수한 학문적 목적에 기여할 것이다. 생명 현상과 생명의 진화에 대한 이해에 큰 진전을 가져다줄 가능성이 있다. 과학 연구라는 측면에서 보면, 연구에 유용한 수단을 연구자에게 제공해 줄 것으로 기대된다. 과거에 불가능했거나 수행하기 어려웠던 연구를 가능하게 할 것이다. 이를테면, 특정한 유전적 설계를 가진 유기물을 인공적으로 구성할 수 있게 됨으로써 과학자들은 자신의 가설을 직접 시험해 볼 수 있는 기회를 얻게 될 것이다. 이것은 곧 인류의 삶을 향상시킬 물질 등을 개발하는 데 도움이 될 것임을 뜻한다.

합성 생물학으로부터 얻을 수 있는 혜택을 골고루 나눌 수만 있다면 인류의 물질적 풍요와 복지가 향상될 수 있을 것이다. 예를 들어, 오염된 강을 정화하는 능력을 지닌 박테리아, 값싼 바이오 연료를 만들어 내는 유기체, 희귀한 약물을 저렴한 비용으로 대량 생산할 수 있는 생물 공장이 합성 생물학의 성공으로 가능하게 될 것이다. 이러한 잠재력을 지닌 합성 생물학은 막대한 경제적 이득을 가져다줄 것이다. 예컨대, 희귀한 약물을 값싸게 대량 생산해 상용화할 수 있다면 제약 업체는 그로 인해 막대한 이득을 얻게 될 것이다. 그래서인지 현재 선진국들을 중심으로 합성 생물학 분야에서 활발한 연구가 진행되고 있다.

합성 생물학으로부터 얻을 수 있는 혜택은 이 연구 분야의 위력에 비례한다. 자연을 인위적으로 재구성하고 심지어는 창조할 수도 있는 합성 생물학은 막강한 위력을 지녔다. 그렇기 때문에 합성 생물학은 성공적으로 연구가 진행된다면 큰 이득을 가져다줄 테지만 그에 못지않게 심각한 위험을 불러올 가능성도 있다. 그리고 합성 생물학으로 말미암을 것으로 예상되는 위험은 간과할 수 있는 수준을 훨씬 넘어설 것이다. 자연적인 생명체를 재설계하고 재구성하는 기술, 더 나아가 생명체를 인공적으로 창조해 내는 기술은 경이롭지만, 그것이 사람의 통제 범위를 넘는다거나 잘못 사용될 경우에는 놀라운 파괴력을 보여 줄 것이다.

합성 생물학 연구자들은 실험실 안에서라는 조건을 내세우며 제한 없이 다양한 합성 생명체를 만들어 보려고 할 것이다. 이미 합성 생물학 연구자들은 지구 상에서 소멸된 것으로 알려진 스페인 독감 바이러스나 선진국에서는 박멸된 것으로 알려진 소아마비 바이러스를 창조 혹은 재창조할 수 있다는 것을 보여 주었다. 스페인 독감은 1918년 전 세계를 공포로 몰아넣은 바 있다. 연구자들은 전 세계적으로 5천만 명의 희생자를 발생시킨 것으로 추정되는 치명적인 스페인 독감 바이러스를 조류 독감에 대한 좀 더 효과적인 연구를 위해서라는 명목으로 되살려 놓았다.

문제는 합성 생물학 연구가 연구를 통해 얻을 수 있는 경제적 이득으로부터 독립적이지 못할 것이라는 점이다. 합성 생물학에 투자하는 국가나 기업의 일차적 목표는 경제적 이득이다. 오늘날과 같은 연구 환경에서 순수하게 진리를 향한 욕구만으로 연구를 시작하거나 지속하는 것은 매우 어렵다. 연구비를 투자하는 쪽에서 요구하는 것을 연구자들은 거절하기 어려울 것이다. 다른 말로 하면, 합성 생물학 연구에서 그 연구 결과가 인류에게 미칠 위험성에 대한 고려는 뒷전으로 밀릴 가능성이 크다는 것이다. 그리고 이 점은 매우 염려된다.

이런 문제들은 합성 생물학 이외에도 잠재력이 큰 첨단 과학과 신생 기술들 모두에서 발견된다. 하지만 합성 생물학에서 특히 문제되는 위험이 있다. 핵물리학은 핵에너지라는 막대한 이득과 의학에 치료 목적으로 응용할 수 있다는 이점과 더불어 핵폐기물과 핵무기라는 커다란 위험을 동시에 가지고 있다. 그래도 핵폐기물과 핵무기는 기술적, 외교적 통제가 어느 정도 가능해 보인다. 핵무기를 만들기 위해서는 막대한 재원과 고도의 기술력이 필요하기 때문이다.

하지만 합성 생물학은 핵물리학에 비해 상대적으로 훨씬 수월하게 접근할 수 있다. 소아마비 바이러스 정도를 만드는 데는 거의 돈이 들지도 않는다. 이러한 점 때문에 코피 아난 전 유엔 사무총장은 재임 당시 한 연설에서 '테러리즘의 위협 가운데 가장 중대한 위협이지만 덜 논의되고 있는 것이 생물학적 무기를 이용한 테러리스트의 위협'이라고 말한 바 있다. 미국 정부의 대량 살상 무기 및 테러리즘 확산 방지 위원회는 2013년 말에는 테러리스트들이 대량 살상 무기를 이용한 공격을 감행할 가능성이 매우 높으며, 생물학적 무기를 이용한 테러 공격의 가능성이 핵무기를 이용한 공격의 가능성보다 더 크다고 보고하기도 했다. 특정 국가나 테러 단체가 합성 생명체를 이용해 인류를 위험에 빠뜨릴 것이라는 이른바 바이오 테러리즘의 위험을 말한 것이다.

합성 생물학의 위험 가운데 좀 더 실현 가능성이 크다고 여겨지는 것들이 있다. 터커(J. B. Tucker)와 질린카스(R. a. Zilinkas)는 '고독한 연구자(lone operator)' 시나리오나 '바이오해커 (biohacker)' 시나리오를 좀 더 걱정해야 한다고 주장한다. 고독한 연구자는 고도로 훈련된 합성 생물학 분야의 전문가로서 특정인 혹은 특정 단체에 원한을 품은 사람을 의미한다. 그런 연구자가 아무도 모르게 합성 생명체를 만들어 내서 복수에 사용할 가능성을 지적한 것이 고독한 연구자 시나리오이다. 바이오해커 시나리오는 합성 생명체를 만드는 일이 많은 비용이 드는 매우 난해한 일이 아니라는 점에서 생각해 볼 수 있는 시나리오이다. 바이오해커는 컴퓨터 해커와 마찬가지로 순전히 호기심에서 혹은 자신의 능력을 과시하기 위해 합성 생명체를 만들고 유포시키는 사람을 말한다.

합성 생물학자는 정말 신처럼 행동하는가?

합성 생물학은 생명은 신성한 것이라는 통념에 도전한다. 신성한 생명은 주어진 것이고, 신이든 자연이든 사람의 능력을 넘어선, 사람의 한계 밖에 있는 어떤 것으로부터 유래된 것이라는 생각이 일반적이다. 사람이 자연의 영역을 과도하게 침범했을 때, 더욱이 인간이 생명의 영역을 침범했을 때, 인간의 힘으로는 어찌할 수 없는 재앙이 불어 닥칠 가능성이 크다는 믿음을 사람들은 은연중에 가지고 있다. 그래서 사람들은 합성 생물학 연구에 대해 과학자들이 마치 자신들이 신이라도 된 것처럼 행동한다고 비판한다. 합성 생물학자는 정말 신처럼 행동하는가?

이 물음에 답하기 위해서는 '신처럼 행동한다'는 말이 무슨 뜻인지 알아볼 필요가 있다. 다른 상투적이고 구호적인 표현처럼 이 말이 뜻하는 바도 그렇게 분명하지 않다. 이런 말은 그것의 정확한 의미보다는 그 말이 갖는 수사학적인 힘 때문에 흔히 사용된다. 그래도 이 말을 의미 있게 해석할 수 있는 몇 가지 가능성을 찾아보고 그런 의미에서 이 말을 통해 주장되는 것이 정당한 것인지 검토해 볼 필요가 있다.

'신처럼 행동한다'는 말은 먼저 종교적인 관점에서 해석될 수 있다. 신은 전지전능하다. 하지만 우리 사람은 모든 것을 알고 있지도 어떤 것이든 할 수 있는 능력을 가지고 있지도 않다. 그런 사람이 생명을 마음대로 주무른다면 어떤 재앙을 불러올지 모른다는 공포감과, 종교적 금기를 깬 것에 대한 경멸감이 이런 비판 속에 스며들어 있다. 하지만 이런 재앙에 대한 공포가 명백한 과학적 근거에서 비롯된 것은 아닌 듯하다. 또한 종교적 금기는 특정 종교의 영역에서나 유효한 것이고, 일반적으로 통용될 수 있는 것은 아니다. 사람이 도전해서는 안 되는 어떤 압도적인 권위 같은 것을 가정할 합리적인 이유가 없어 보인다.

그러면 종교적인 관점을 넘어서 '신처럼 행동한다'는 말은 어떤 의미로 해석될 수 있을까? 인간 복제, 생명 합성, 종간 혼합 등에 관한 연구가 이런 비난을 받는다. 이런 연구는 자연에 간섭하는 행동을 하거나 비자연적인 어떤 것을 실행하고 있기 때문이다. 자연에 간섭하는 행동이 나쁜 이유는 과학자에게 그럴 권한이 없기 때문이다. 사람을 대상으로 어떤 실험이든 다 해 볼 수 있는 권한이 과학자에게 있지 않듯이, 자연을 변경할 권한도 과학자에게 없다는 것이다. 사람에게 해가 되거나 용납될 수 없는 위험을 사람에게 불러올 모든 실험에 대해 과학자들은 아무런 권한이 없다.

아니면 생명에 관한 합성 생물학의 연구를 과학자의 권한을 넘어선 연구 행위라고 볼 수 있을까? 만일 그렇다고 한다면, 자연에 대해 무언가를 발견하는 것을 넘어서 그것을 활용하거나 응용하는 많은 연구가 과학자의 월권이라고 해야 하지 않을까? 아니면, 생명의 영역처럼 '출입금지 구역'이 따로 존재한다고 해야 하나? 그러면 생명의 영역이 출입금지 구역인 이유는 무엇일까?

자연에 어떤 변화를 가하는 연구나 그런 행위, 또는 생명의 영역에서 공학자의 연구가 사람에게 아무런 해도 끼치지 않으며, 오히려 사람의 복지와 행복에 기여한다면 그것은 과학자의 권한 안의 것일까, 아니면 그것 역시 과학자의 권한 밖의 것일까? 과학자가 아닌 다른 사람들에게는 어떠한가? 과학자에게 월권이라면, 누구에게도 월권일 것이다. 그럼, 사람들의 복지와 행복을 위하여 자연을 활용하고 생명의 영역에 도전하는 것은 사람에게는 허락되지 않는 일인가? 우리의 복지와 행복은 궁극적으로 신의 권한이란 말인가?

'신처럼 행동한다'는 말을 비자연적인 어떤 것을 실행한다는 말로 해석할 수 있다. 이 경우에 자연적인 것과 비자연적인 혹은 인공적인 것 사이를 구분하는 기준이 분명히 제시될 수 있어야 한다. 하지만 그러한 기준을 제시하는 일은 예상과 달리 어렵다. 비버는 나뭇가지를 물어다 댐을 쌓고 강물의 흐름을 방해한다. 홍수가 났을 때 비버의 댐 때문에 강물이 범람하고 물길이 바뀌는 일이 벌어지지 말라는 법도 없다. 비버의 댐은 자연적인 것인가? 만일 비버의 댐의 자연적인 것이라면, 인간이 만든 댐은 어떠한가? 자연적인 것일까, 비자연적인 것일까? 우리는 '자연적'이라는 말을 흔히 사용하며, 특히 '인공적'이라는 말과 반대되는 의미로 사용하고 있지만 그 말의 정확한 뜻은 생각만큼 분명하지 않다.

생명이란 무엇인가?

합성 생물학은 생명의 본질에 대해 심각한 물음을 제기할 것이다. 최소 유전체를 가진 유기체의 구성, 자연에서 발생하지 않은 생명체의 창조, 나아가 무기물로부터 유기물의 합성 등은 '생명이란 무엇인가?'라는 물음에 대한 해답에 한 걸음 다가가게 만들겠지만, 다른 한편으로는 생명에 대한 전통적인 생각에 혼란을 가져올 것이 분명하다.

1943년 더블린의 트리니티 대학에서 있었던 공개 강연에서 슈뢰딩거(Erwin Schroedinger) 박사는 생명의 본질에 대해 중대한 질문을 던졌으며, 그의 질문은 생명에 대한 탐구의 전기를 마련해 주었다. DNA의 이중나선 구조를 밝혀낸 공로로 노벨상을 수상한 프랜시스 크릭과 제임스 왓슨도 슈뢰딩거의 강연이 자신들에게 감명을 주었다고 말한 바 있다. 슈뢰딩거의 강연 이후 과학자들은 다양한 관점에서 생명 연구에 몰두했으며, 다양한 방식의 생명에 대한 정의를 내놓았다. 하지만 생명에 대한 일치된 견해를 찾기는 쉽지 않았다.

더 중요한 것은 이 물음의 성격이다. '생명이란 무엇인가?'라는 물음은 과학자들만 던질 수 있는 것이 아니며, 과학적 탐구를 통해서만 답변될 수 있는 것도 아니다. 오히려 이 물음은 일상적인 삶에서도 제기되는 것이며, 우리의 일상적인 믿음으로부터 종종 답변이 제공된다. 이 물음은 우리의 삶에 영향을 미친다. 무엇을 생명으로 보고 무엇을 생명이 아닌 것으로 볼 것인지에 따라 우리의 삶이 영향받는다.

예를 들어, 뇌사 상태를 죽은 것으로 볼 것인지, 아니면 산 것으로 볼 것인지 논쟁이 뜨겁다. 이 물음에 대한 답변이 과학 연구를 통해 제시될 수 있는 것이라면 그렇게 논쟁할 것이 아니라 좀 더 열심히 연구해야 할 것이다. 하지만 아무리 열심히 과학적으로 연구해도 이 물음에 대한 답변이 크게 달라지지 않을 것이다. 답변이 달라지게 만드는 것은 문화적, 종교적, 도덕적 의식의 변화이다. 일상적 의미에서, 즉 우리의 삶에서 생명은 사실에 관한 개념이 아니라 가치에 관한 개념이기 때문이다. 생명은 과학적, 사실적 관점보다는 가치와 의미의 관점에서, 혹은 종교적 관점에서 이해되는 경향이 더 많다.

물론 자연에 대한 과학적 이해의 증진과 과학 기술의 발전이 우리에게 의식의 변화를 야기하는 것은 사실이다. 생명에 대한 과학적 이해가 증진됨에 따라 생명을 대하는 우리의 태도가 변화될 것이고, 종전까지 지니고 있던 편견이 수정되는 계기를 얻기도 한다. 하지만 지식의 진보만으로 우리의 태도와 의식의 변화를 이끌어 내지는 못한다. 우리가 생명에 대해, 자연에 대해, 인간에 대해 어떤 태도를 가지고 어떤 의미를 부여할 것인지는 부단한 논의 과정 속에서 만들어질 것이다.

11 나노 기술

나노 기술은 우리에게 장밋빛 세상을 열어 줄까?

현자의 돌(philosopher's stone)이라는 것이 있다. 과거 연금술사들이 일생을 바쳐 찾으려고 했던 신비의 물질이다. 1625년 프랑크푸르트에서 발간된 연금술 문헌집인 《연금술 박물관(Musaeum Hermeticum)》에서는 현자의 돌을 '비밀 중의 비밀이며, 신의 미덕이자 권능이고, 하늘 아래 만물의 종착점이자 목표이며, 모든 현자들이 한 작업의 놀라운 결말'이라고 묘사하고 있다. 일반적으로 현자의 돌은 보통의 흔한 금속을 금이나 은과 같은 좀 더 완전한 귀금속으로 변환시키는 힘을 지니고 있다고 한다.

연금술이라는 우리말 번역은 이런 통념에서 비롯된 듯하다. 원래 alchemy는 거슬러 올라가면 검은 땅을 지칭했던 고대 이집트어 kēme에서 유래한 말이다. 검은 땅이란 황폐한 사막과 달리 비옥했던 이집트의 땅을 가리킨다. 일설에서는 혼합을 뜻하는 고대 그리스어 chumeia에서 유래했다고도 한다. 어찌 되었든 alchemy에는 금을 제련한다는 뜻이 직접 포함되어 있지 않았다.

현자의 돌은 아무나 얻을 수 있는 것이 아니다. 현자의 돌을 얻기 위해 연금술사들은 갖은 노력과 고통을 감수해야 한다. 연금술사들은 현자의 돌을 얻는 방법을 위대한 작업(Magnum Opus)이라고 불렀다. 위대한 작업은 종종 색깔이나 화학적 과정으로 표현되었다. 색깔로는 검은색에서 시작해 흰색, 노란색 그리고 마지막으로 붉은색으로 표현된다. 화학적 과정은 일곱 단계 혹은 열두 단계로 나뉜다.

현자의 돌은 우주 만물에 대한 이 세상의 모든 지식을 다 배운 후에 얻을 수 있는 것이었기 때문에 연금술사들은 수많은 지식을 습득하고 끝없는 연구를 했다. 연금의 신비한 능력을 보이는 물질을 현자의 돌이라고 부르는 이유가 여기에 있다. 현자의 돌에는 연금술사가 터득한 세상의 모든 지식이 담겨 있다. 우주의 섭리와 물질의 원리가 현자의 돌 속에 들어 있는 것이다. 그래서 현자의 돌을 얻은 연금술사는 모든 책을 불태워 버렸다고 했다. 현자의 돌이 모든 지식을 토대로 도달한, 인간이 축적한 모든 지식을 넘어서는 것이기 때문이었다. 현자의 돌은 우리에게 모든 참된 지식의 결실을 약속한다.

21세기의 연금술인 나노 기술이 새로운 세상을 열까?

연금술은 단순히 금을 얻는 기술이 아니며, 현자의 돌은 금속을 변환시키는 물질에 불과한 것이 아니다. 현자의 돌은 생명의 영약으로도 활용될 수 있다. 젊음과 건강을 되찾아 주는 영험한 약을 만들 수 있으며, 심지어는 불사의 영약을 만들 수도 있다. 현자의 돌은 우주 만물에 관한 지식의 결정판이기 때문이다.

일본의 만화 작가 아라카와 히로무의 작품으로 만화 영화로도 제작된 〈강철의 연금술사〉의 두 주인공은 생명의 영약을 얻기 위해 현자의 돌을 찾아 나섰다. 연금술의 대국인 아메스트리스의 작은 마을인 리젬블에 사는 에드워드 엘릭과 알폰스 엘릭이라는 두 형제가 이 만화의 주인공이다. 두 형제는 죽은 엄마를 되살리기 위해 연금술을 이용한다. 하지만 그들의 시도는 실패하고, 에드워드는 왼쪽 다리를, 알폰스는 자신의 몸 전체를 잃는다. 형 에드워드는 자신의 오른팔을 희생하여 동생 알폰스의 영혼을 장식용 갑옷에 잡아두는 데 성공한다. 이야기는 불구가 된 에드워드와 영혼만 남아 갑옷에 갇힌 알폰스가 자신들의 잃어버린 몸을 되찾기 위해 현자의 돌을 찾아 여행을 떠나는 것으로부터 시작된다.

현자의 돌과 비슷한 것이 동양에도 있다. 불교와 힌두교에서 이야기하는 신비한 보물 여의주(Cintamani)가 그것이다. 여의주만 있으면 의복이나 음식은 물론 보물도 원하는 대로 얻을 수 있고, 온갖 질병의 고통에서도 해방될 수 있다고 한다. 여의주는 악을 제거하고 재난을 없애는 능력이 있다고 한다. 여의주는 마갈어의 머리에서 나왔다고도 하고, 불교의 수호신인 제석천이 가지고 있는 물건이 부서져 떨어져 나온 것이라고도 한다.

또 여의주는 석가의 사리가 변한 것이라는 설도 있다. 마갈어는 바다에 사는 물고기로 두 눈은 해와 같고 입을 벌리면 어두운 골짜기처럼 느껴질 정도로 커서 배도 삼킬 수 있으며, 물을 뿜으면 커다란 파도를 만들어 내기도 한다는 상상의 동물이다. 여의주는 지장보살 등이 지니고 있는 것으로 많이 묘사된다.

21세기의 연금술이라는 수식어가 붙은 첨단 기술이 있다. 바로 나노 기술이다. 나노 기술은 연금술처럼 다른 눈으로 세상을 본 결과 탄생한 것이다. 나노 기술은 나노 수준, 즉 분자 이하의 미세한 수준이 인간의 힘이 닿지 않는 곳이며 인간이 어찌할 수 없는 그냥 주어진 영역이라는 통념을 깨고 등장했다. 연금술은 과학이 아니라 비학, 즉 신비한 마술 같은 것이지만 나노 기술에는 연금술과 비슷한 점들이 있다.

연금술의 결정체인 현자의 돌은 금속의 변성을 통해 귀금속을 만들어 낸다. 나노 기술은 나노 수준의 조작을 통해 새로운 물질을 만들어 낼 수 있다. 현자의 돌이 생명의 영역을 만들어 내는 능력을 지닌 것처럼 나노 기술이 의료 분야에 접목되면 기존의 치료법을 획기적으로 개선하고, 미래에는 현재의 불치병을 근원적으로 치료할 수 있는 의료 기술을 탄생시킬 것이다.

현자의 돌은 불사의 영약을 만들어 낼 수 있다. 현실적인 개념은 아니지만 나노 기술은 불사의 기술들과 연관되어 있다. 의료용 나노 로봇은 모든 질병을 퇴치할 보편적 항체 역할을 할 것이며, 불사를 꿈꾸는 사람들의 기술인 인체 냉동 보존술의 완성도 나노 기술에 달려 있다.

과거에 과학이 아니라 비학 정도로 취급되었던 연금술의 목표를 나노 기술은 과학적 방법을 통해 적어도 부분적으로라도 달성할 수 있을 듯하다. 심지어 나노 기술이 연금술의 이상을 완전히 실현할 수 있을지도 모른다. 이렇게 위력적인 나노 기술은 사람과 사람 사회에 어떤 변화를 불러올까? 나노 기술은 질병과 환경 오염 등 사회의 현실적인 문제들을 극복한 새로운 세상을 약속할까?

나노 기술이란 무엇인가?

나노 기술(nanotechnology)은 나노 단위에서 물질을 다룬다. 나노미터는 크기의 단위로 10억 분의 1미터를 가리킨다. 사람의 머리카락은 1나노미터의 5만 배라고 한다. 자연 상태에서 가장 작은 원자인 헬륨 원자의 지름이 0.1나노미터이고, 가장 큰 원자인 우라늄의 지름은 0.22나노미터이다. 나노 기술은 1~100나노미터의 극미세 단위에서 물질을 다룬다.

사람들은 물질의 다양한 특성을 활용하여 삶에 필요한 도구들을 만든다. 예컨대, 어떤 물질은 탄성이 뛰어나고, 어떤 것은 표면이 매끄럽고, 어떤 것은 색깔이 각도에 따라 바뀐다. 어떤 것은 전기가 잘 통하지만 어떤 것은 전기가 통하지 않는다. 우리가 일상에서 보고 경험하는 물질의 이러한 특성들은 거시적 수준에서 물질이 갖는 특성이다. 사람들은 이런 특성을 이용하여 필요한 물건을 만들었다. 그런데 물질은 분자 이하의 단위, 즉 나노 수준에서는 거대 분자 단위에서와는 판이하게 다른 기계적, 광학적, 자기적, 전기적 특성을 보여 준다. 나노 기술은 분자 이하의 단위에서 물질이 보이는 특성들을 활용하는 것이다.

사람들은 거시적 차원에서 우리가 활용하는 물질의 특성들에 한계가 있다는 점을 알고 원하는 물건들을 만들어 내기 위해 많은 연구와 노력을 해 왔다. 또한 활용할 수 있는 물질적 특성의 한계 안에서 최선의 것을 만들려고 노력하고 있고, 기술의 개발을 통해 점차 개선하는 방식을 취하고 있다.

예를 들어, 쇠는 강도가 좋기 때문에 그것으로 자동차를 만들면 튼튼한 자동차를 만들 수 있을 것 같지만, 높은 강도만큼이나 무게가 많이 나가기 때문에 너무 많은 연료를 소모할 것이다. 비행기를 강철로 만드는 것은 상상하기도 어렵다. 강철 비행기가 뜨기 위해서는 얼마나 강력한 엔진과 얼마나 많은 연료가 필요할까? 그러므로 자동차나 비행기의 연료 효율을 높이기 위해서는 가벼운 물질을 사용하는 것이 좋다. 하지만 가벼운 물질, 예컨대 유리 섬유로 자동차 몸체를 만든다면 연료 효율은 극대화할 수 있겠지만 충돌 사고가 발생한다면 끔찍한 결과가 발생할 것이다.

그동안 이런 문제에 대한 해결책을 재료 과학이라는 분야에서 제시해 왔다. 재료 과학은 물건을 만들 때, 우리가 고려해야 하는 주요 사항들 사이의 균형을 유지하며 최선의 재료를 만들어 내기 위한 연구를 한다. 티타늄 등 다양한 합금과 세라믹, 플라스틱, 반도체 등의 발전을 이끈 것이 재료 과학이다.

나노 기술의 등장으로 최근 재료 과학이 더욱 주목받고 있다. 나노 기술을 이용해 전에 없던 신소재들을 세상에 소개할 수 있게 되었기 때문이다. 나노 수준에서 물질을 다루면, 우리가 지금까지 알고 있는 어떤 물질보다도 강도가 높고, 탄성이 월등히 좋고, 전기 전도성이 뛰어나고, 훨씬 더 가벼운 물질을 만들어 낼 수 있다.

물질의 특성은 물질을 구성하는 요소에 따라 다르고, 같은 구성 요소라고 하더라도 그것들의 구조와 배열에 따라 서로 다른 특성을 나타낸다. 예를 들어, 다이아몬드와 흑연은 모두 탄소 분자들로만 이루어졌지만 전혀 다른 특성을 보여 준다. 물질을 분자 이하 수준에서 구성할 수 있다면 자연 상태에서 발견되지 않은 새로운 물질적 특성을 만들어 낼 수 있을 것이다.

지금까지 이런 일은 가능하지 않았다. 사람이 어떻게 분자의 배열과 구조

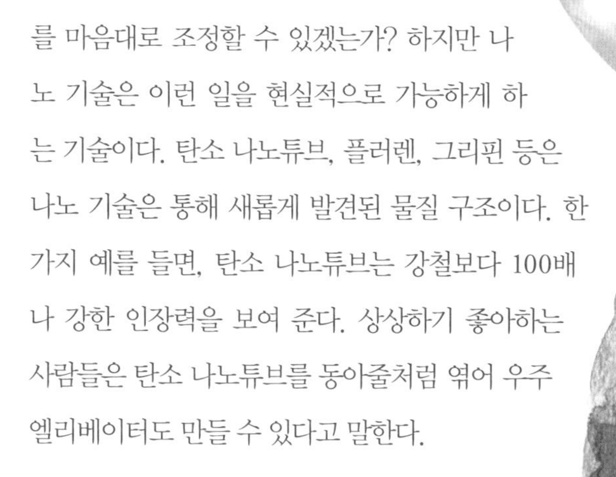

를 마음대로 조정할 수 있겠는가? 하지만 나노 기술은 이런 일을 현실적으로 가능하게 하는 기술이다. 탄소 나노튜브, 플러렌, 그리핀 등은 나노 기술은 통해 새롭게 발견된 물질 구조이다. 한 가지 예를 들면, 탄소 나노튜브는 강철보다 100배나 강한 인장력을 보여 준다. 상상하기 좋아하는 사람들은 탄소 나노튜브를 동아줄처럼 엮어 우주 엘리베이터도 만들 수 있다고 말한다.

나노 기술이 약속하는 미래란?

나노 기술을 통해 탄생하는 신소재는 다양하며, 나노 신소재를 통해 기존의 것보다 우수한 제품들을 생산할 수 있다. 예컨대, 음식물 용기를 나노 물질을 활용해 만든다면 음식물을 더 신선하고 안전하게 보관할 수 있다. 탄산음료에서 이산화탄소가 새어 나가는 것을 최소한으로 막을 수 있고, 용기 안으로 산소가 흘러 들어오거나 수분이 빠져나가는 것을 막을 수도 있고, 세균이 번식하는 것을 막을 수도 있다. 살모넬라균이나 기생충, 혹은 기타 오염 물질에 반응하는 나노 센서도 연구되고 있다.

나노 기술의 등장으로 가장 큰 기대를 모으는 분야가 의료 분야이다. 나노 기술은 의료 영역을 획기적으로 바꿔 놓을 잠재력을 지니고 있다. 예컨대, 약물이 치료하고자 하는 목표에 정확하게 전달되게 하고, 질병에 대해 정밀하게 진단하여 질병의 징후를 미리 포착하는 경보 체계를 개선하는 데 기여할 것이다. 한 가지 예를 들면, 금 나노 입자를 활용하면 초기의 알츠하이머병을 진단할 수 있다. 나아가 질병 치료 방식에 혁명적 변화를 가져올 수도 있다.

나노 기술은 에너지 분야에도 많이 응용된다. 우리나라에서도 많이 연구되고 있으며 성과를 보이고 있는 것이 태양열 전지이다. 나노 기술은 태양열 전지 소자의 효율을 크게 높여 태양열로부터 에너지를 모으는 기술의 향상에 크게 기여할 것이다. 연잎 효과를 활용한 나노 물질은 자기 정화 능력이 있는 물질로 청결한 환경을 유지하는 데 도움이 된다.

나노 입자들은 오염된 환경을 정화하고 유독성 물질을 중화하는 데 활용하면 환경 보호에도 효과적일 것이다. 환경 오염이 심각해질수록 깨끗한 식수를 확보하는 것이 큰 숙제일 것이다. 날이 갈수록 깨끗한 식수를 얻기 어려워지고 있지만, 나노 기술을 이용하면 오염된 물을 더 적은 비용으로 신속하게 정화하는 방법을 찾아낼 수 있을 것이다. 연구자들은 나노 물질로 기름 흡수율이 20배 더 높은 '종이 타월(paper towel)'을 개발했다.

나노 기술을 군사 기술에 응용하면 군인의 전투력을 크게 향상시킬 수 있다. 보병이 완전 군장을 하면 몸에 부착하거나 들고 메는 것들의 무게가 전체 합해서 50킬로그램 내외가 된다. 웬만한 여성 한 명의 몸무게에 해당하는 무게를 보병 한 사람이 감당해야 한다는 뜻이다. 하지만 나노 기술을 활용하면 미래의 군인은 훨씬 가벼우면서도 보호 기능이 월등히 뛰어나며, 심지어 응급조치 기능까지 갖춘 소재로 만든 군복을 입게 될 것이다.

메사추세츠 공과대학교(MIT)의 이언 헌터 교수는 나노 기술로 인공 근육을 개발하고 있다. 이것이 성공하면, 군인 개개인이 람보와 같은 근력을 지니게 될지도 모른다. 나노 물질로 군사용 장비를 코딩하여 내구성을 높인 사례도 있다. 미 해군은 2000년에 나노 구조의 세라믹 코팅을 선박용 냉난방장치에 사용하여 지난 10년 동안 2천만 달러의 유지 보수 비용을 절약했다. 이상은 현재 실현되었거나 곧 실현될 나노 기술의 사례들이다.

나노 기술은 이 밖에도 여러 분야에서 다양하게 응용될 것으로 보인다. 현실적으로 나노 기술이 응용되고 있는 사례들 이외에 좀 더 획기적이고 혁명적인 응용 사례도 상상해 볼 수 있다. 나노 기술에 관한 최초의 저서인 에릭 드렉슬러(Eric Drexler)의 《창조의 엔진》(1986)에는 사람의 몸속을 돌아다니며 병원체를 격멸하는 나노 로봇이 언급되어 있다. 이런 나노 로봇이 등장한다면 질병 치료에는 혁명적인 변화가 일어날 것이다. 우리 몸속을 누비고 돌아다니는 나노 로봇은 영화 〈환상 모험(Fantastic Voyage)〉(1966)이나 〈이너스페이스(Inner Space)〉(1987)을 연상시킨다. 물론 이 영화들에 나오는 소형 잠수정은 축소 기술로 축소시킨 것들이라는 점에서 나노 기술과는 근본적으로 다르다.

《창조의 엔진》에는 또한 '어셈블러'라는 자기 조립하는 기계도 소개되어 있다. 물건을 만들어 내는 것은 사람이거나 사람이 조작하는 기계이다. 그런데 어셈블러는 재료만 공급되면 스스로 모든 것을 만들어 낼 수 있는 나노 장치이다. 그래서 어셈블러는 자기 자신도 복제해 낼 수 있으며, 이론상으로는 무한 증식도 가능하다. 어셈블러의 가능성에 대해서는 논란이 있다. 플러렌을 발견한 공로로 노벨 물리학상을 수상한 미국의 물리학자 리처드 스몰리(Richard Smalley)는 어셈블러가 허구적이라고 비판했다.

좋은 세상이란 무엇인가?

나노 기술이 충분히 발전되었을 때 우리 사회는 어떻게 변해 있을까? 나노 기술이 산업 전반은 물론 농업, 의료, 제약, 환경, 에너지 등 다양한 분야에 응용되어 생산을 풍요롭게 하고 환경을 개선하고 사람들을 질병의 고통으로부터 거의 해방시켜 줄까? 낙관적으로 보면, 나노 기술로 말미암아 우리에게 고통을 주는 많은 요소들이 제거되어 좋은 세상으로 변할 것이다.

역사상 많은 사람들이 좋은 세상에 대해 생각하였다. 좋은 세상이란 서양말로 유토피아(utopia)이다. 좋은 세상 혹은 이상적인 세상을 가리키는 말로 유토피아가 쓰이게 된 것은 16세기 영국의 사상가 토머스 모어(Thomas More) 덕분이다. 토머스 모어는 현실을 비판하고 이상적인 세상을 그린 책 《유토피아》(1516)를 통해 이 말을 처음 만들어 냈다.

유토피아의 어원은 고대 희랍어에서 유래했다. 장소를 나타내는 topos에 접두사 ou('부정'의 뜻) 혹은 eu('좋은'이라는 뜻)를 결합해 만든 단어가 utopia이다. 그래서 유토피아는 두 가지 의미를 지닌다. 토머스 모어에게서도 유토피아는 중의적으로 해석된다. outopos로서의 유토피아는 어디에도 없는 곳을 뜻한다. 다시 말해 유토피아는 이 세상에 존재하지 않는 상상의 세상이라는 뜻이다. 꿈꿀 수만 있는 세상이다. eutopos로서의 유토피아는 좋은 세상, 이상적인 세상을 뜻한다. 인류가 목표로 삼고 실현하기 위해 노력하는 이념적인 세상을 말한다.

좋은 세상에 대한 최초의 대표적인 논의는 플라톤의 《국가》에서 찾을 수 있다. 플라톤은 정의가 실현된 국가를 이상적인 국가로 생각했다. 개인의 차원에서나 국가의 차원에서나 정의가 실현될 때 가장 이상적인 상태에 이른다고 보았다. 플라톤에게 정의라는 개념은 다소 특색이 있다. 개인이든 국가든 각각의 구성 요소들로 이루어졌으며, 그 구성 요소들 각각이 자신의 몫을 다할 때 정의로운 상태가 된다. 구성 요소들이 각자 자신의 몫을 다하는 상태는 조화로운 상태이다. 정의란 사람의 경우에는 머리, 가슴, 배로 비유되는 이성, 마음, 욕구가 제 몫을 다하며 조화를 이루는 것을 말한다. 국가의 경우는 통치자 계급과 수호자 계급, 생산자 계급이 제 몫을 다하며 조화를 이룬 상태를 이른다.

토머스 모어는 모든 사람이 일하고 모든 사람이 골고루 나눠 가져 궁핍하거나 비참한 생활을 하는 사람이 없는, 모두가 행복한 세상을 꿈꾸었다. 토머스 모어가 살던 시대의 영국 사회는 빈곤과 실업, 범죄의 극성과 과도한 법의 집행으로 소수의 귀족을 제외하고는 국민들 대다수가 고통 속에서 신음하며 몸부림치던 세상이었다.

과학 기술로 좋은 세상을 이룰 수 있다는 꿈

토머스 모어보다 한 세기 뒤에 등장한 영국의 철학자 프랜시스 베이컨(Francis Bacon)도 이상적인 세상을 꿈꾸었다. 베이컨은 《새로운 아틀란티스》(1627)에서 과학 기술을 토대로 건설된 행복한 세상을 묘사했다. 벤살렘이라고 불리는 베이컨의 이상적인 사회는 과학 기술을 통해 얻은 획기적인 생산 증대로 인해 모든 사람이 넘치는 풍요 속에서 아무런 결핍 없이 욕구를 무한 충족시키는 사회이다.

벤살렘의 핵심은 솔로몬의 집에 모여 있는 학자들이다. 이들은 과학 기술자로서 자연에 대한 지식을 끊임없이 확장하고, 그것을 토대로 생산을 증대시키고 삶에 유용한 물건들을 만들어 내는 수단을 제공한다. 이들의 노력 덕분에 벤살렘 시민들은 더없는 풍요 속에서 행복하게 생활한다. 그래서 솔로몬의 학자들은 벤살렘 주민들의 존경과 사랑을 한 몸에 받고 있다.

그런데 베이컨의 생각처럼 과학 기술을 통해 행복한 세상, 좋은 세상을 만들 수 있을까? 대답은 부정적이다. 과학 기술은 좋은 세상을 이루기 위한 물질적 토대를 마련하는 데 기여할 수 있지만 물질적 풍요가 바로 행복을 가져다 주지는 않기 때문이다. 과학 기술을 통해 얻은 풍요를 소수가 독점한다면 다수의 빈곤과 고통은 개선되지 않을 것이다. 과학 기술이 만들어 낸 문명의 이기가 사람들의 삶에 어떤 영향을 미칠지는 사실 예측하기 쉽지 않다. 문명의 이기의 도입으로 파괴된 문화가 인류 역사에서 한둘이었던가? 과학 기술 혹은 그것이 만들어 낸 첨단의 물건들은 좋은 쪽으로도 사용될 수 있지만 나쁜 쪽으로도 사용될 수 있다.

앞에서 살펴보았듯이 나노 기술을 통해 얻을 수 있는 혜택은 우리의 상상을 뛰어넘을지 모른다. 하지만 그에 못지않게 잠재적 해악도 우려된다. 자기 조립하는 어셈블러가 돌연변이를 일으키고 무한 증식하여 지구의 모든 생물 자원을 순식간에 먹어치우는 '잿빛 덩어리 지구(grey goo)' 시나리오는 다소 허구적인 것이라고 치자. 하지만 나노 물질의 유해성에 대한 경고는 이미 공식적으로 발표되었다. 2003년 미국 화학회에서 탄소 나노튜브의 독성을 공식적으로 보고했다. 탄소 나노튜브가 주입된 쥐의 폐 조직에서 심각한 조직 손상이 발견되었다고 한다. 사람들은 기술의 개발을 통한 이득의 추구와 기술의 안정성의 추구, 이 둘 가운데 무엇이 우선되어야 하는지 고민할 필요가 있다. 기술자와 기술을 응용하여 이득을 얻으려는 사람들, 그리고 기술 자체는 이런 고민에 익숙하지 않다.

나노 의료의 발달로 건강 유지와 질병 치료에 있어 획기적인 전기가 마련될 것으로 예상되지만 개인의 유전 정보를 비롯하여 다양한 의료 정보는 무방비 상태에 놓일지 모른다. 정보 통신 기술과 관련해서도 제기되는 문제이지만 개인의 사생활이 제대로 보호받기 어려운 처지에 놓이게 된다. 상황의 변화에 잘 적응하는 사람들은 개인의 사생활이 꼭 전통적인 수준으로 보호

될 필요가 있는지 묻기도 한다. 오히려 사생활이 완전히 공개되는 세상을 꿈꾸는 사람들도 있을지 모르겠다. 하지만 개인의 정체성과 사생활의 관계에 관해 좀 더 깊이 생각해 본다면 이런 상상을 쉽게 하지 못할 것이다.

나노 기술의 막대한 혜택은 과연 어떻게 나눠질까? 나노 기술에 대한 가장 심각한 비판은 이른바 나노 불평등에 관한 것이다. 이런 비판은 나노 기술의 막대한 혜택이 기술 선진국에 의해 독점될 것이라는 전망을 바탕으로 한다. 국제 사회적 규모에서나 사람들의 사고방식 면에서나 획기적인 변화가 일어나지 않는 한, 나노 기술의 혜택을 기술 소유국과 제3세계 빈곤국, 기술 소유자와 가난한 사람들이 나눠가질 가능성은 없어 보인다. 막대한 이득을 가져다 줄 획기적인 기술이 등장하면 기술 선진국과 후진국 사이의 격차는 더 커질 것이 자명하다.

결론적으로 과학 기술만으로는 좋은 세상을 만들 수 없을 듯하다. 아무리 놀라운 나노 기술이라고 하더라도 기술이 더 좋은 세상을 가져올 것이라는 기대는 근거가 없다. 물론 소수에게 더 좋은 세상은 가져올 수 있을지는 모르겠지만 말이다.

12 기술 철학

과학 기술에 사람의 얼굴을 되찾아 줄 수는 없을까?

고대 그리스의 창세 신화에는 사람의 창조에 관한 이야기도 포함되어 있다. 맨 처음 카오스로부터 시작하여 땅(가이아)과 하늘(우라노스)이 생기고 세상의 지배권을 놓고 신들이 전쟁을 벌인 끝에 마침내 제우스가 올림포스의 최고신으로 등극하며 평화가 찾아왔다. 불멸하는 존재인 신들은 자신들과는 달리 죽을 수밖에 없는 존재들을 만들어서 세상을 채우려고 했는데, 그 가운데 사람도 포함되어 있었다. 사람과 동물의 창조에 대해서는 프로메테우스를 창조자로 보는 설도 있지만 여러 신들이 힘을 모아 창조했다고 보는 것이 더 그럴 듯해 보인다.

거신족인 티탄 가운데 하나인 이아페투스에게는 네 아들이 있었다. 그중 셋째와 넷째가 프로메테우스와 에피메테우스이다. 제우스의 아버지 역시 티탄으로 한때 신들의 지배자였던 크로노스였다. 프로메테우스와 에피메테우스는 신들이 만든 사람과 동물들에게 그들이 죽지 않고 살아갈 수 있도록 생존에 필요한 능력을 나눠 주는 역할을 맡았다. 에피메테우스는 프로메테우스에게 자신이 동물들에게 능력을 분배해 주는 역할을 맡을 터이니 형인 프로메테우스는 그것을 검사하는 일을 맡아 달라고 했다.

기술이 불평등을 불러오는 것은 옳은 것인가?

에피메테우스는 어떤 동물에게는 센 힘을, 어떤 동물에게는 민첩함을, 어떤 동물에게는 날카로운 발톱을, 또 어떤 동물에게는 하늘을 날 수 있는 날개를 나눠 주었다. 이런 식으로 어떤 동물들도 멸종되지 않도록 조심하면서 생존의 능력들을 나눠 주었다. 그러고 나서 제우스가 만들어 놓은 사계절에 대비할 수단도 나눠 주었다. 빽빽하게 난 털과 두꺼운 가죽은 매서운 추위를 막아 내기에 충분했으며, 발굽이나 두꺼운 발바닥은 자갈밭에서도 피가 나지 않도록 보호해 주는 역할을 했다. 그런 다음에 동물들에게 먹을 것을 정해 주었다고 한다. 어떤 동물에게는 땅에서 나는 식물을, 어떤 동물에게는 나무의 열매를, 어떤 동물에게는 뿌리를 양식으로 정해 주었다. 또 어떤 동물에게는 다른 동물의 살을 양식으로 정해 주었으며, 이들에게 잡아먹히는 약한 동물들에게는 새끼를 많이 낳을 수 있는 생산 능력을 주어 그 종이 멸종하지 않도록 대비했다.

그런데 에피메테우스는 '나중에 생각하는 자'라는 이름처럼 동물들에게 능력을 나눠 줄 때 계획적이지 못했다. 맨 마지막으로 사람의 차례가 되었을 때 에피메테우스는 신들이 준비해 준 모든 능력을 다 써 버리고 사람에게 나눠 줄 능력이 남아 있지 않다는 것을 알아차렸다. 난처해진 에피메테우스는 형인 프로메테우스에게 도움을 청했다. 프로메테우스는 다른 동물들은 모두 생존에 필요한 능력을 적절히 가지고 있지만, 사람만이 완전한 무방비 상태라는 것을 알았다.

사람은 추위로부터 몸을 보호할 빽빽한 털이나 두꺼운 가죽을 가지고 있는 것도 아니고, 자갈밭에서도 달릴 수 있는 발굽이나 두꺼운 발바닥을 가진 것도 아니고, 그렇다고 맹수들처럼 날카로운 이빨이나 발톱을 가지고 있는 것도 아니었다. 이대로라면 사람은 얼마 지나지 않아 멸종될 것이 분명했다. 그래서 프로메테우스는 불을 다루는 대장장이의 신인 헤파이토스와 전쟁과 지혜의 여신인 아테나에게서 불과 기술을 훔쳐 사람에게 주었다.

그리하여 사람은 불을 동력원으로 하고 기술을 지혜로 하여 원하는 것은 무엇이든 만들 수 있게 되었으며, 그 덕분에 동물들 가운데 가장 나약한 존재이면서 동물들의 지배자로 군림할 수 있게 되었다. 하지만 신들의 능력인 불과 기술을 훔쳐 사람에게 준 죄로 프로메테우스는 제우스의 노여움을 사서 코카소스산 꼭대기의 바위에 묶여 날마다 독수리에게 옆구리 살과 간을 뜯기는 고통을 당해야 했다.

사슬에 묶여 독수리에게 간을 뜯기는 프로메테우스

프로메테우스가 제우스의 뜻을 거스른 죄로 고통을 받을 것을 알았음에도 불구하고 사람에게 불과 기술을 선사한 이유는 무엇일까? 그것은 다름 아니라 사람이 멸종되지 않고 생존하도록 하기 위해서, 사람들이 모두 잘 살아갈 수 있도록 하기 위해서였다. 사람은 프로메테우스의 선물로 문명을 이루고 지상에서 번성하게 되었다. 사람은 끝없는 기술 개발을 통해 문명을 발전시키고 풍요를 키워 왔다.

특히 산업혁명 이후 기술의 발전은 인류에게 물질적 측면에서 유례가 없던 풍요와 안락을 가져다주었다. 부유한 나라 사람들의 평균 수명이 80세에 이르렀고, 머지않아 사람들의 평균 수명이 100세까지 늘어날 것으로 보인다. 이미 40여 년 전에 인류는 달에 첫 발을 내딛었으며, 태양계 탐사선 보이저 1호는 이미 태양계 최외각에 도달했다. 도구를 사용할 줄 아는 사람은 지구 상의 어떤 종도 이루지 못한 진보를 이루었으며, 이는 모두 프로메테우스의 선물 덕분이다.

기술이 인류 문명의 발전, 특히 물질적 측면에서 큰 발전을 가능하게 한 것은 분명한 사실이지만, 사람 개개인에게 행복을 가져다주었는지는 분명하지 않다. 오히려 무분별한 자원 개발과 산업화는 지구의 환경을 오염시키고 황폐하게 만들었다. 수많은 생물이 사람으로 인해 멸종되었으며, 앞으로도 무수한 생물종들이 멸종을 맞이할 것이다. 그뿐인가? 막강한 기술을 소유하고 있고 그로 인해 부를 축적할 수 있었던 소수의 국가들이 지구의 자원을 독점함으로써 더 없는 풍요를 누리고 있는 한편, 더 많은 수의 사람들은 가난과 질병으로 고통받고 신음하고 있다. 부와 자원에 대한 탐욕은 전쟁이라는 인류 최악의 악행을 불러오기도 했다.

기술은 분명 프로메테우스가 세상에 태어난 사람을 축복하고자 선사한 선물이었는데, 현실은 왜 이렇게 다른 방향으로 귀결되는 듯이 보일까? 기술은 왜 사람을 불평등하게 만들고 자연을 신음하게 만든 것일까? 기술은 본성적으로 나쁜 것일까?

기술로부터 소외된 사람들과 그들의 삶

16세기 영국의 사상가로서 근대 과학 혁명의 중심에 있던 프랜시스 베이컨(Francis Bacon)은 기술의 발전을 통해 모두가 풍요롭고 욕구를 충족시키는 행복한 세상을 건설할 수 있다고 상상했다. 하지만 베이컨이 살던 시대에는 상상도 할 수 없을 정도로 과학 기술이 발전하고 물질적으로 풍요로워진 오늘날, 베이컨이 상상했던 것처럼 모두에게 풍요와 욕구의 충족을 선사하는 행복한 세상이 실현되었는가? 혹은 그러한 징조라도 보이는가?

베이컨의 기대처럼 기술의 발전이 물질적 풍요를 가져오기는 했지만, 베이컨의 상상과는 반대로 빈부의 격차가 더욱 극심해졌으며, 지구 환경의 위기가 닥쳤고 인간 사회는 위험한 사회로 치닫고 있다. 베이컨은 이런 상황을 상상하지 못했다.

세계 인구가 60억 명을 돌파한 1999년에 통신망에 연결된 컴퓨터 대수는 약 1억 대에 불과했다. 컴퓨터 한 대를 한 사람으로 계산한다면 전 세계 인구 가운데 정보 통신 기술에서 배제된 인구가 98퍼센트를 넘는다는 말이다. 현대 산업 사회에서 기술의 실질적 혜택은 주로 상위 10퍼센트에게 독점되어 있으며 나머지 90퍼센트는 기술의 혜택에서 배제돼 있다. 정보 통신 기술의 혜택이 불평등하게 분배되어 있다는 문제는 다른 것에 비하면 큰 문제도 아니다.

세계 인구가 65억 명을 넘었던 2006년에는 약 58억 명에 가까운 사람들이 기본적인 생활필수품을 구입할 수 없는 상황에 있었다. 세계 인구의 절반인 28억 명은 하루 2달러 미만의 돈으로 생활하고 있다. 전 세계에서 6명 가운데 1명은 하루에 1달러 미만의 돈으로 생활한다. 반면에 1999년을 기준으로 세계에서 가장 부유한 사람 200명의 재산을 합했더니 1조 달러를 넘었다. 같은 해에 세계 43개 저개발 국가의 국민 5억 8만 2천명의 재산을 합했더니 1460억 달러였다.

2006년을 기준으로, 전 세계 인구 가운데 10억 명 이상이 제대로 된 주거 환경에서 생활하지 못하고 있으며 노숙으로 분류되는 열악한 주거 환경 속에서 사는 사람도 1억 명이 넘는다. 세계에서 가장 부유한 나라로 알려진 미국에서도 매년 350만 명의 사람들이 노숙을 경험한다고 한다. 열악한 주거 환경 속에서 겨우 생활을 꾸려나가는 사람들의 삶은 비참하기 그지 없다.

사람에게 없어서는 안 되는 식량의 문제는 더 심각하다. 전 세계적으로 8억 4000만 명이 넘는 사람들이 영양실조에 걸려 있다. 그중 어린 아이들의 숫자는 1억 5000만 명이 넘으며 매년 5살 미만의 아이들 600만 명이 기아로 사망한다. 식량과 마찬가지로 물 또한 없어서는 안 된다. 하지만 10억 명이 넘는 사람들이 안전한 식수원에 접근할 수 없으며, 20억 명에 가까운 사람들이 기본적인 위생 시설도 없이 생활하고 있다. 매일 3900명이 오염된 물을 마신 탓에 사망하고 있다. 수인성 질병으로 사망하는 사람이 매년 200만 명이나 된다.

기본적인 의식주조차 해결하지 못하는 사람들에게는 에너지와 교육, 건강 문제에 대한 걱정이 사치스러운 것일지 모르겠다. 하지만 의식주만 해결되었다고 사람답게 사는 것이라고 할 수는 없지 않을까? 개발도상국 인구 가운데 70퍼센트 정도가 전기, 병원과 학교 없이 살고 있다. 개발도상국 국민인 20억 명의 사람들에게 가장 중요한 에너지원은 나무이다. 그들은 나무를 해서 땔감으로 사용한다. 세계 인구 가운데 약 8억 6000만 명이 문맹이며, 1억 2000만 명의 아이들이 초등 교육도 받지 못하고 있다.

인간의 얼굴을 한 기술을 꿈꾸는 사람들

기술 발전의 혜택이 모두에게 골고루 돌아가지 않고 극심하게 편중되게 된 원인은 무엇일까? 지역적, 문화적 차이도 있겠지만 기술을 삶의 기본적 수단으로 여기지 않고 기술을 돈과 권력을 획득하는 수단으로 생각한 데 문제가 있는 것은 아닐까? 현대식으로 표현하면, 자본주의 체제의 영향을 받아 과학 기술이 상업화된 탓일 것이다.

오늘날 대부분의 기술은 소수의 자본가와 기업, 혹은 일부 국가가 장악하고 있다. 기술에 가격이 매겨져 있으며 기술이 공유되지 않고 배타적으로 소유된다. 기술을 장악한 기업은 그것으로 막대한 이득을 챙길 궁리에 몰두하고 있으며, 이 점에서는 기술을 소유한 국가도 크게 다르지 않아 보인다.

사람과 기술의 관계가 전도된 탓도 클 것이다. 본래 기술을 사람을 이롭게 하고자 고안된 것이었지만 사람들은 기술로 얻어 낸 높은 생산성과 효율성에 매료되고 도취된 나머지 사람과 인간성에 대한 관심을 잊어버렸다. 기술의 본성에 대해 망각하고 기술이 왜 있으며, 무엇을 목적으로 기술을 다루어야 하는지를 잊었다. 더욱이 오늘날의 발전된 기술은 더욱 전문화되고 복잡해져서 해당 기술의 전문가가 아니라면 이해할 수 없는 지경에 이르렀다. 이런 사정은 기술에 대한 사람의 통제력을 상실하게 만드는 상황을 불러왔다. 오늘날 사람들은 컴퓨터나 휴대 전화기에 이상이 생겼을 때 손수 고칠 수 없다. 이제 사람은 기술의 주인이 아니라 단지 기술의 소비자일 뿐이며, 기술 없이는 생활이 불가능해졌다는 점에서 기술에 종속된 소비자일 뿐이다.

인류의 문제에 대한 깊은 인식과, 기술의 본성, 기술과 사람의 관계에 대한 반성을 통해 새로운 시각에서 생각하는 움직임이 생겨났다. 1960년대와 1970년대에 활발하게 일어났던 '적정 기술 운동', 그리고 2000년대에 들어와 새롭게 태어난 '소외된 90퍼센트를 위한 디자인' 운동이 그것이다. 소외된 90퍼센트를 위한 디자인 운동은 적정 기술 운동가였으며 국제 개발 사업(IDE: International Development Enterprises)과 디-레브(D-Rev: Design Revolution)의 설립자인 폴 폴락(Paul Polak) 등이 주도하고 있다.

폴 폴락은 전 세계 디자이너의 90퍼센트가 고작 10퍼센트의 부유한 고객의 욕망을 충족시키기 위해 일하고 있는 오늘의 상황에 안타까움을 표시했다. 그는 소외된 90퍼센트를 되돌아보고 그들을 위해 디자인 작업을 하는 방향으로 우리의 시선을 변경하는 디자인 혁명을 요구하고 있다. 그가 설

립한 디-레브는 기술 인큐베이터 회사이다. 하루 4달러 미만으로 생활하는 빈곤한 사람들의 건강과 수입 증진을 위해 소외된 90퍼센트를 위한 시장 지향적 제품을 설계하고 제공할 수 있도록 돕고 있다.

2007년 여름, 뉴욕의 쿠퍼 휴잇 국립 디자인 박물관에서 '소외된 90퍼센트를 위한 디자인' 전시회가 열렸다. 이 전시회에서는 전 세계의 빈민들을 위한 디자인 36종이 소개되었다. 페달 펌프, 저가형 점적 관계 시설, 저가형 정수 시설, 사탕수수 잎으로 숯을 만드는 기술 등이 전시되었다. 이 전시회를 계기로 부자만을 위한 디자인이 아닌, 가난한 사람들을 위한 디자인에 대해 많은 사람들이 관심을 갖기 시작했다.

가난한 사람들을 위한 기술인 소외된 90퍼센트를 위한 디자인은 복잡한 기술, 난해한 디자인을 의미하지 않는다. 그것은 단순한 기술, 알기 쉬운 기술을 지향한다. 현지 수요를 충족시키기 위하여 현지에서 어렵지 않게 구할 수 있는 자원으로 제품을 생산할 수 있는 기술이 최상이다. 비싼 해결책을 제시하는 것이 아니라 저렴하고 누구나 쉽게 구할 수 있는 자원을 사용하는 디자인을 목표로 한다.

소외된 90퍼센트를 위한 디자인의 몇 가지 사례를 살펴보자. 베스터가드 프랑젠(Vestergaard Frandsen)이 개발한 생명의 빨대(life straw)는 오염된 식수로 인한 수인성 질병으로부터 많은 사람을 구제할 수 있는 혁신적인 디자인의 제품이다. 개당 700리터를 정수할 수 있는 일인용 정수기인 생명의 빨대는 크기가 작아 목에 걸고 다니면서 어디서든지 오염된 물을 안전한 물로 바꿀 수 있다. 사용법도 간단하다. 생명의 빨대로 물을 빨아들이면 필터를 통해 살모넬라균, 시겔라균, 장내구균, 포도상구균과 같은 유해한 세균을 99.9퍼센트, 바이러스는 약 98.7퍼센트가 차단된다. 생명의 빨대는 2007년 쿠퍼 휴잇 국립 디자인 박물관에서 열린 전시회를 기념하기 출간한《소외된 90퍼센트를 위한 디자인》이라는 책의 표지 사진으로도 사용되었다.

소외된 90퍼센트를 위한 혁신적인 디자인의 사례로 큐드럼(Q-drum)도 빼놓을 수 없다. 아프리카에는 식수원이 가까운 곳에 없어 수 킬로미터 떨어진 곳까지 물을 길으러 가는 사람들이 많다. 물통에 물을 담아 그 먼 거리를 이거나 지고 나르는 일은 여성과 어린이의 몫이다. 이 일은 여성과 어린이들에게 커다란 신체적 고통을 준다. 더욱이 이런 식으로는 충분한 양의 물을 길어 나를 수도 없다. 큐드럼은 아이들도 크게 힘을 들이지 않고 보다 많은 양의 물을 실어 나를 수 있게 만든 굴리는 물통이다.

소외된 90퍼센트를 위한 디자인과 유사한 개념으로 보편적 디자인(Universal Design)이라는 개념이 있다. 보편적 디자인은 장애가 있는 사람이든 없는 사람이든 누구에게나 동등한 접근권을 제공하는 건물, 제품, 환경을 지칭한다. 보편적 디자인이라는 용어는 건축가인 로날드 메이스(Ronald L. Mace)가 고안했고, 《장애인을 위한 설계(Designing for the Disabled)(1963)》를 쓴 골드스미스(Selwyn Goldsmith)가 장애인을 위한, 접근의 한계를 해방한 디자인이라는 개념으로 확정했다. 계단이나 턱이 없는 완만한 출입구, 붙잡고 돌리기보다는 밑으로 눌러 여는 방식의 문손잡이, 내리고 올리는 작은 스위치 대신 커다랗고 평평한 전등 스위치, 버튼이나 터치 방식의 조절기 등이 보편적 디자인의 사례이다.

소외된 90퍼센트를 위한 디자인이나 보편적 디자인은 가난한 자, 고통받는 자, 소외된 자의 고통과 궁핍을 외면하지 않고 직시한다는 점에서 선의(good will)에서 시작된 것이다. 그래서 이런 디자인을 착한 디자인(good design)이라고도 부를 수 있을 것이다.

책임 있는 기술은 타인의 고통을 외면하지 않는다

기술과 기술이 빚어낸 결과들에 대한 반성을 통해 우리가 얻을 수 있는 결론은 기술을 모든 윤리적 가치로부터 독립시키지 않아야 한다는 것이다. 기술을 존경, 겸손, 정의감, 사랑 등과 같은 인간적 정서와 미덕과 함께 묶어 생각하는 것이 중요해 보인다. 이렇게 해서 기술에게 사람의 얼굴을 되찾아 주어야 한다. 사람의 얼굴을 되찾은 기술에게 맨 처음 말을 거는 것은 아마 책임일 것이다. 책임은 기술에게 '기술로부터 영향받는 존재들을 고려하고 기술로 말미암아 벌어질 일들을 인간 삶의 전체 맥락 속에서 이해하라'고 요구할 것이다.

기술로 영향받는 존재는 크게 사람과 자연이다. 기술은 인간 삶의 한 토대를 형성하고 있으며, 새로운 기술은 새로운 삶의 양식을 불러온다. 기술은 직접적으로 혹은 간접적으로 사람과 사회에 막대한 영향을 끼치지만 지금까지 기술은 가치중립적인 것으로, 냉정한 것으로 여겨졌다. 하지만 그런 시각이 바람직하지 않은 결과들을 불러왔음을 앞에서 살펴보았다. 기술이 인간성에 대한 존경, 자연에 대한 책임, 타자에 대한 배려 등 사람의 근본적 가치들에 결부될 때, 더 이상 차가운 도구가 아니라 따뜻한 손일 수 있다.

독일의 철학자 임마누엘 칸트(Immanuel Kant)는 사람을 도덕적 존재로 이해했다. 그는 유명한 정언명법을 통해 '자신을 비롯해 모든 사람을 언제나 동시에 목적으로 대우해야 하며 결코 단지 수단으로만 대우해서는 안 된다'고 강조한다. 우리는 타인을 나와 똑같은 존재로 이해해야 하며, 그 인격에 있어서는 나와 동등하게 대우해야 한다. 또한 칸트는 이성적 존재로서 사람은 자신의 완전성을 추구해야 하는 의무가 있다고 말하고, 타인도 나와 마찬가지로 인간성(humanity)을 지니고 있는 존재이므로 타인의 인간성의 완성을 위해서도 노력해야 할 의무도 있다고 말한다. 나의 행복뿐만 아니라 타인의 행복 역시 나에게도 중요하다는 것이다.

타자에 대한 책임을 강조한 현대의 철학자로 에마뉘엘 레비나스(Emmanuel Levinas)가 있다. 레비나스는 서양 근대의 자아의 철학 전통에 반대하여 타자의 철학을 주장했다. 레비나스는 자아는 모든 것의 중심이며, 데카르트처럼 세상에 아무 것도 없어도 자아만은 존립한다고 생각하지 않고, 오히려 타인이 없으면 자아도 성립하지 않는다고 보았다. 나의 주체성은 원래 있는 것이 아니라 타인과의 윤리적 관계를 통해서 비로소 성립한다. 나는 본래 나 자신을 향해 있는 것이 아니라 처음부터 타인을 향해 있는 것이다. 쉽게 설명하면, 나는 혼자 있을 수 없으며, 혼자 있을 때도 언제나 타인을 생각하고, 타인을 필요로 한다. 사람은 혼자 있음으로써 자족할 수는 없다는 것이 레비나스의 통찰이다.

레비나스는 나와 타인과의 관계의 첫 번째 구조를 책임성이라고 본다. 책임성은 물론 타인에 대한 책임성이다. 얼핏 보면, 이것은 말이 안 되는 소리처럼 들릴지 모른다. 나와 관계된 사람에 대해서라면 모르지만, 나와 아무런 상관도 없는 사람에게 내가 왜, 무엇을 책임진다는 말인가? 하지만 타인에 대한 책임성의 구조는 우리 안에 깊이 뿌리 박혀 있다. 예컨대, 길거리에서 낯선 사람이 나에게 길을 물어오면 나는 책임을 느낀다. 그 사람에게 길을 가르쳐 주어야 할 것 같다. 길을 가르쳐 주지 못할 때 왠지 미안한 감정이 생긴다. 그래서 '미안하지만 저도 잘 모르겠습니다'라고 말한다.

레비나스는 우리가 타인에 대해 책임지는 것을 환대(hospitality)라는 개념으로 표현한다. 환대는 타인을 나의 손님으로 대접하거나 타인에게 선행을 베푸는 것이다. 환대는 타인 앞에 자신을 수동적인 주체로 만드는 행위, 타인의 부름에 적극적으로 응답하는 행위이다. 환대는 어떠한 반대급부도 바라지 않고 순수한 마음으로, 타인의 고통으로부터 눈을 돌리지 않고 타인의 고통을 직시하며 자신이 것을 내주는 것을 의미한다.

레비나스의 타자의 철학에 기초한다면, 기술에 대한 기존의 이해 방식이 변할 수 있을 것이다. 우리는 기술을 통해 나 자신의 풍요와 욕구의 충족만을 추구할 것이 아니라 타인의 신음에 반응하고 타인의 고통을 줄이기 위해 기술을 적극적으로 활용해야 할 것이다. 생명의 빨대나 큐드럼 같은 것들은 기술을 통해 타자의 철학을 실천한 사례라고 할 수 있다.

따뜻한 기술은 자연에 대해서도 따뜻하다

기술로부터 영향받는 존재는 사람만이 아니다. 자연 또한 기술에 의해 영향을 받는다. 현대 독일의 철학자 한스 요나스(Hans Jonas)는 현대 과학 기술의 막강한 위력에 주목하고 현대 과학 기술에 빼놓아서는 안 되는 중요한 특성으로 책임을 손꼽는다. 요나스가 책임을 과학 기술에 결부시키는 이유

에너지 소비량을 일반 건물의 70%로 줄이고, 남은 30%의 에너지는 신재생 에너지 설비를 통해 충당하는 에너지 자급자족 건물 '서울에너지 드림센터'

가 있다. 오늘날 기술이 가진 힘은 전대미문의 것이다. 더욱이 그 힘은 공간적, 시간적으로 강력한 영향력을 발휘하며 행사된다. 현대의 기술과 그것으로 만든 제품이 전 세계 곳곳에 퍼져 있다. 기술은 자본주의의 등에 올라타서 지구 상에 기술의 손이 미치지 않는 곳이 없게 날로 확장되어 가고 있다. 더 이상 기술에게 오지란 없어 보인다. 기술의 영향은 지금 세대에 그치지 않고 먼 미래의 세대에까지 뻗쳐 있다.

예컨대 지구 환경의 변화는 지금 세대뿐 아니라 앞으로 등장할 미래 세대의 삶에도 영향을 미친다. 우리가 지금 여기에서 만들어 낸 기술이, 그 기술에 대해 알지도 못하고 그 기술과 관련해 아무런 말도 하지 못하는, 세계 곳곳의 수많은 사람들과 미래의 여러 세대에게 커다란 영향을 미친다는 사실은 기술을 책임이라는 개념으로부터 분리해서 생각할 수 없게 만든다.

요나스는 기술이 사람에게만 적용되는 것이 아니라는 점을 깨달았다. 사람 이외의 것들, 자연에 대해서도 우리는 선(the good)을 추구하고 책임감을 가져야 한다. 우리는 훌륭한 삶(good life)을 추구한다. 하지만 타인에 대한 책임만으로 훌륭한 삶을 살 수 없다. 우리를 둘러싸고 있는 모든 것, 사람 삶의 지반이 되는 것 전체에 대해 고려하고 책임감을 가질 때, 비로소 우리의 삶은 훌륭함을 성취할 수 있을 것이다.

자연을 보존하고 지속시키는 것은 우리의 의무이다. 자연은 인류의 유일한 삶의 터전이기 때문이다. 또한 자연은 우리들 각자의 것이 아니고 어느 누구의 소유물도 아니다. 그렇지만 자연이라는 토대 위에서 우리의 삶이 가능하다. 이런 맥락에서 자연은 우리 세대의 것도, 그 이전 세대의 것도, 미래 세대의 것도 아니다. 혹시 말을 하자면, 자연은 그 모든 세대의 것이다. 따라서 자연을 보존하는 것은 우리 세대와 미래 세대에 대한 우리의 의무이다.

이와 같은 요나스의 책임의 윤리학의 관점에서 볼 때, 자연에 고통을 덜어주는 기술, 더 나아가 자연에 고통을 주지 않는 기술을 고안할 필요가 있으며, 이런 기술은 인간의 얼굴을 한 기술, 혹은 따뜻한 기술이라고 할 수 있을 것이다. 청색 경제(blue economy)의 이론가인 군터 파울리(Gunter Pauli)가 《블루이코노미(The Blue Economy)》에서 밝힌 '자연의 100가지 혁신 기술'은 위와 같은 의미에서 따뜻한 기술의 대표적 사례일 것으로 보인다.

지식융합연구소 이인식 소장은 《자연은 위대한 스승이다》라는 책에서 청색 기술(blue technology)에 관해 언급하고 있다. 이 소장은 "녹색 기술은 환경 오염이 발생한 뒤의 사후 처리적 대응의 측면이 강한 반면에 자연 중심 기술인 청색 기술은 환경 오염의 발생을 사전에 원천적으로 억제하려는 기술"이라고 설명한다.

이처럼 미래 세대를 위해 자기중심적 사고, 효율성 중심의 사고의 틀에서 벗어나 타자 중심적 관점, 윤리적 관점에서 기술을 새롭게 이해하려는 노력이 필요하지 않을까 생각한다.

프로메테우스 신화의 진정한 의미는 무엇인가?

프로메테우스 신화는 기술의 본성, 사람과 기술의 관계에 관하여 우리에게 시사하는 바가 크다. 프로메테우스는 사람의 삶과 행복을 위하여 제우스에게 받을 벌에 대한 두려움을 무릅쓰고 기술과 불을 사람에게 선물하였다. 더 정확히 말하면 프로메테우스가 준 것은 기술이 아니라 기술성이다. 프로메테우스는 사람에게 구체적인 어떤 기술을 준 것이 아니라 기술을 이해하고 기술을 활용하고, 기술을 발전시킬 수 있는 능력을 준 것이다. 그래서 기술이 아니라 기술성이 더 정확한 표현이다.

여기에서 한 가지 주목할 것을 기술성 없이 기술이 가능하지 않다는 점이다. 오늘날 우리는 기술을 발견하거나 고안한 사람에게 그 기술에 대한 배타적 권리를 인정하는 데 익숙하다. 하지만 기술을 기술성과 독립시켜 생각할 수 있을지 의문이다. 기술성이 우리 모두의 공유 재산이라면 기술 역시 그에 따라야 하지 않을까?

이렇게 생각해야 하는 데는 또 다른 이유가 있다. 고대 그리스 철학자 플라톤은 《프로타고라스》라는 책에서 프로메테우스가 그의 선물을 사람에게 분배한 방식에 대해 언급하고 있다. 프로메테우스는 자신의 선물을 "한 명의 숙련된 의사가 많은 사람들에게 충분하다는 원리"에 따라 분배했다. 모든 사람에게 똑같은 기술을 동등하게 나눠 주지 않고, 특정한 기술을 소수의 사람에게 나누어 주어서 모든 사람을 같이 사용할 수 있게 했다.

다시 말해, 어떤 사람이 자신이 가진 기술로 다른 사람들을 돕고, 또한 그 역시 다른 사람들이 가진 기술의 도움을 받는 방식으로 모든 사람들이 기술의 혜택을 받을 수 있도록 했다. 그러므로 어떤 사람이 어떤 기술을 가지고 있고, 또 다른 사람이 다른 어떤 기술을 가지고 있다고 할지라도, 그 기술들은 모두 사람들 모두에게 공통으로 주어진 것임을 신화적 이야기를 통해 고대인들은 말하고 있는 것이다.

프로메테우스 신화의 결말을 살펴보면 이러한 해석이 타당하다는 것을 이해할 수 있다. 프로메테우스의 선물로 사람은 자신에게 필요한 것은 무엇이든 고안하고 만들어 낼 수 있게 되었다. 하지만 사람의 창작 활동은 에피메테우스의 후예답게 깊은 생각이 없이 이루어졌다. 사람이 만들어 내는 도구는 사람의 생존에 도움이 될 수 있지만, 거꾸로 사람의 생존 자체를 위협할 수도 있다.

사람은 기술을 사용함에 있어서 무모하게 낙관적이고 맹목적이다. 사람은 기술이 결과적으로 모든 것을 좋게 만들 것이라는 기대와 희망에 사로잡혀 있으며, 현재의 나쁜 결과를 일시적인 것으로 치부하고 동요하지 않는 경향이 있다. 하지만 사람의 이러한 기대는 근거가 없으며 희망은 헛된 것일 가능성이 크다.

플라톤의 말에 따르면, 현명한 제우스는 프로메테우스의 선물로 사람이 총체적 파멸의 위험에 직면했음을 인식했다. 그래서 제우스는 헤르메스를 사람에게 보내, 타자에 대한 존경심(aido)과 정의감(dike)이라는 선물을 전달한다. 제우스의 명령에 따라 헤르메스는 이 선물들을 사람들에게 나누어 주는데, 기술성과는 다른 방식으로 나누어 준다.

다시 말해, 단지 몇 사람만이 소유하여 모두를 이롭게 하는 방식이 아니라 모두에게 똑같이, 모두가 각자의 몫을 갖는 방식으로 분배했다. 이렇게 하여 기술과 더불어 타자에 대한 존경심과 정의감이 신의 선물로서 태초의 사람에게 동시에 주어졌다.

기술은 타자에 대한 존경과 정의감과는 따로, 그리고 먼저 사람에게 주어졌지만, 기술은 타자에 대한 존경과 정의감과 분리되지 않도록 하려고 했던 것이 제우스의 노력이었다. 기술이 타자에 대한 존경과 정의감과 분리되었을 때 인류를 파국으로 이끌 수 있다는 것이 제우스의 통찰이었다. 프로메테우스의 신화는 비록 신화적 이야기지만 기술의 본성에 대해, 기술과 사람의 관계에 대해 어떻게 생각하는 것이 올바른 것일지에 대한 물음을 다시 던지지 않을 수 없게 만든다.

'기술이 사람에게 유용한 것이라면 그것은 우리 모두에게 유용한 것이어야 하며, 기술이 사람에게 해를 입힐 수 있다면 그 해로부터 우리 모두를 보호할 수 있어야 한다. 기술은 어느 누구의 것도 아니며 우리 모두의 것이다. 기술은 자연과 우리를 분리시키는 것이 아니라 우리를 자연 속에서 살 수 있게 하는 것이어야 한다.'

이렇게 생각할 때 사람들은 삶을 지속시킬 수 있고, 기술을 통해 행복한 미래를 꿈꿔 볼 수 있을 것이다.

철학, 과학 기술에 말을 걸다

1판 1쇄 발행 | 2014. 1. 13.
1판 13쇄 발행 | 2020. 11. 1.

이상헌 글 | 마이자 그림

발행처 김영사 | **발행인** 고세규
편집 김효성 | **디자인** 김민혜
사진자료 연합뉴스
등록번호 제 406-2003-036호 | **등록일자** 1979. 5. 17.
주소 경기도 파주시 문발로 197 (우10881)
전화 마케팅부 031-955-3100 | **편집부** 031-955-3113-20 | **팩스** 031-955-3111

값은 표지에 있습니다.
ISBN 978-89-349-6642-5 43500

좋은 독자가 좋은 책을 만듭니다. 김영사는 독자 여러분의 의견에 항상 귀 기울이고 있습니다.
전자우편 book@gimmyoung.com | 홈페이지 www.gimmyoungjr.com

어린이제품 안전특별법에 의한 표시사항
제품명 도서 **제조년월일** 2020년 11월 1일 **제조사명** 김영사 **주소** 10881 경기도 파주시 문발로 197
전화번호 031-955-3100 **제조국명** 대한민국 ⚠**주의** 책 모서리에 찍히거나 책장에 베이지 않게 조심하세요.